U0685258

姚林君 著

# 姑娘，你活得太软了

天津出版传媒集团

天津人民出版社

图书在版编目（ＣＩＰ）数据

姑娘，你活得太软了 / 姚林君著 . -- 天津 : 天津
人民出版社，2021.10（2022.2 重印）
ISBN 978-7-201-17704-5

Ⅰ . ①姑… Ⅱ . ①姚… Ⅲ . ①成功心理 – 通俗读物
Ⅳ . ① B848.4–49

中国版本图书馆 CIP 数据核字 (2021) 第 193013 号

# 姑娘，你活得太软了
GUNIANG，NI HUO DE TAI RUAN LE

姚林君 著

| | |
|---|---|
| 出　　版 | 天津人民出版社 |
| 出 版 人 | 刘　庆 |
| 地　　址 | 天津市和平区西康路 35 号康岳大厦 |
| 邮政编码 | 300051 |
| 电子邮箱 | reader@tjrmcbs.com |

| | |
|---|---|
| 责任编辑 | 玮丽斯 |
| 策划编辑 | 蒋　甜 |
| 装帧设计 | 小　乔 |
| 内页设计 | 蛋蛋酱 |

| | |
|---|---|
| 制版印刷 | 上海盛通时代印刷有限公司 |
| 开　　本 | 880 毫米 ×1230 毫米 1/32 |
| 印　　张 | 8 |
| 字　　数 | 230 千字 |
| 版权印次 | 2021 年 10 月第 1 版　2022 年 2 月第 2 次印刷 |
| 定　　价 | 42.00 元 |

版权所有 侵权必究

只要不以伤害别人为目的，
每个人都有权多爱自己一点。

做一个温柔的人，可比做一个成功的人厉害多了。

第二章

爱得不够，才借口多多

第三章

如果运气不好，那就试试勇气

第四章

"你知道哭是解决不了问题的"

"没有人哭是为了解决问题"

# 序

刚确定新书名字的时候，朋友们都以为我在讲段子。

"第一本叫《姑娘，你活得太硬了》，第二本居然叫《姑娘，你活得太软了》，你是在开玩笑吗？"

我在这里跟大家解释一下，我真的没有随便取名。

让女孩不要活得太硬了，这里的硬指的是感情上的硬。太坚硬，过于独立，有时就是无法"脱单"和在一段关系里频繁争吵的原因。

别太软，主要指的是我一直以来倡导的人生观。

我身边有很多十几二十几岁的年轻人，都太关注别人的感受，有些甚至是讨好型人格，牺牲自己去取悦别人，怕被人讨厌，受了委屈都咽下不说。

但老好人是不被重视的，没人关注你的情绪，因为你总表现得没有情绪；没人关注你在想什么，你表现得什么都不想要，当然也就什么都得不到。

性子太软，意味着得罪你没有成本，也意味着你可以任人揉捏。

当你学会了对一切的不喜欢说"去他的"，却发现世界反而对你温柔了。

所以，这一本书收集了我最近几年一些类似的亲身经历和体会。

你有没有在哪一刻想过：

你内心深处真正想要的是什么？

外人的目光是不是真的那么重要？

恋爱、人际交往、成长、婚姻……

我们女孩子，到底应该怎么过好这一生？

哪怕看的人有一瞬间的感悟，我写的这些文字也不至于毫无价值。

铃铛一直觉得，人活着，所能做出的最厉害的成就不是名利，而是快乐。

不光是我，我想任何一个人，大概都不会想过太"软"的人生。

摇铃铛

2021 年 6 月 20 日

# 第一章

接受普通，努力出众

## ○ ●其实你笑起来，真的挺可爱的

Ol /

我一直没说出来的一个秘密，是 28 岁之前，我很少在别人面前露出自己的脚。

我的脚不是被袜子裹得严严实实的，就是被我遮遮掩掩的。

这是我隐秘到不能被触摸的痛楚：我两只脚的脚趾都有不同程度的变形，脚趾弯曲，指甲外翻，常常扎到肉里去。

那是初一某堂体育课。

那个夏天，我刚进入青春期，萌发了一点爱美意识。穿着凉鞋的我，并没有意识到自己和别人有什么不同。

列队的时候，我旁边有个女同学突然低头看了一眼，接着大呼小叫，像发现了新大陆："你们看，姚 xx 的脚好大啊！脚趾也很长，好奇怪，好畸形！"

当时我脑子里轰的一声，我感觉脸颊瞬间着了火。

我慌乱地马上对比她和我的脚。

的确，她的脚又小又秀气，我的脚却又长又宽，像个男人的脚。

我大概记得旁边几个女同学好奇地伸出头，开始七嘴八舌。我记不清她们说了什么，只记得她们惊讶又夸张的表情。因为当时的我已经一句话都听不进去了。

等到她们终于结束了讨论，开始上课，我悄悄地把脚趾往鞋子里面缩了缩。

那个周末，我问我妈要了30块钱，去买了一双人本帆布鞋。

37码，比自己的脚要足足小一码。

之后几年，我一直努力穿着比自己的脚小一码的鞋子。

那是什么感受？

从早自习开始，脚趾就必须时刻蜷缩着。走多了路，脚指甲会插进肉里，钻心地疼，我就像行走在刀尖上的小美人鱼（没有侮辱小美人鱼的意思）。

实在忍不住痛的时候，我走路会一瘸一拐的。当有人问我怎么了，我只能说没事，然后尽力恢复自然的姿态。

也就一年的时间，我的脚趾红肿发紫，肉坏了又好，好了又坏。

但我很满意，因为只要不脱鞋不脱袜子，我的脚就是好看的。

女孩的脚怎么能大呢？


02 /

从初中开始，班上很多女生开始发育了。

胸前鼓起一个小包，无意中碰到就会龇牙咧嘴地喊疼。

但我发育得很晚，直到高中身体才有了点起伏，所以我经常被班上某些恶劣的男同学嘲笑。

妈妈心比较大，一直没有给我买内衣，17岁的我还穿着小背心。出于敏感的自尊心，我自己偷偷买了一件很廉价的内衣，天天穿。

这无意中被一个相熟的女同学发现了。

她很有人气，也很漂亮，我一直很喜欢她。

生日那天的课间，她突然神秘兮兮地说要送我一件礼物，为我挑了很久。

我惊喜又好奇地跟着她走过去，看她从抽屉里拿出一个包装得很漂亮的盒子，她把盒子递给我让我拆。

班上的男男女女都围了上来。

我高兴地拆开，里面赫然放着一个最少有1厘米厚的绿色海绵垫文胸。

"surprise（惊喜）！"

她开始狂笑，拿起内衣高高举起，再挂在我的脖子上。

"这个颜色我挑了很久呢，是不是很适合你？"

我不记得当天自己是怎么继续上课的。

我只知道为了缓解尴尬，我一直在笑，跟着旁边哄堂大笑的同学一起笑。

很好笑吧？我也觉得。

然后我回到座位上，埋着头，尽量不被察觉地流眼泪，一天没再说过一句话，直到放学。

后来的很多年里，别人一说我平胸我就会炸毛。我一直穿着很厚的海绵垫，即使是夏天。

每一年，每一年，即使热到蝉声如雷，汗顺着胸口一直流到肚脐眼。每一年，每一年，胸口经常会长痱子，好了又长，长了又好，直到秋天。

再大一点，我便常常拿平胸这事来自黑，说自己是吐鲁番盆地，上面能停飞机。

因为我坚信先捅自己一刀，鲜血淋漓的就没人会再来捅我了。

我看起来更加没脸没皮。

我看起来更加百毒不侵。


03 /

当然我也有温暖的记忆。

之所以想起来写这些埋了很久的青春期故事，是因为前不久，我被同学拉进了一个老同学群。

里面有很多熟悉的名字，包括 L。

我对他来说，只算个面目模糊的路人。

但他对我而言，应该算是我青春期里为数不多的一束光了。

高二的我，因为自卑常常低着头，驼着背。我觉得自己很丑，难以言喻的丑，又黑，又瘦，每天疯闹，也不可爱。

那时候已经有女生会收到情书，被男生夸奖和表白了。被人喜欢是一件不能被父母知道，但在同龄人面前很扬眉吐气的事。

只有我什么也没有。学习考试的苦闷，青春期的自卑，母亲的严格管教，无时无刻不缠绕着我。

　　突然有一天课间，我正跟 L 打闹，笑得前仰后合的。他突然停下来，盯着我看了两秒，接着很认真地说了一句："其实你笑起来真的挺可爱的。"

　　我现在还很清晰地记得当时的景象。

　　早晨的阳光从旁边的玻璃上透进来。他很高，高到能让我藏在他的阴影里。我笑得更大声了，好像听见了一个很好笑的笑话。我小心翼翼地把自己的雀跃藏起来，尽量不让它泄露得太明显，被他抓住把柄。

　　后来的很多年里，我变成了一个非常爱笑的人。

　　我努力地笑，笑到脸上的肌肉都打战了，笑到眼角布满鱼尾纹，笑出满嘴的牙花子。

　　我总是记得他说的那句话，直到我 31 岁那句话还是很清晰。

　　那只是随口的一句安慰吧，却也让我凭空明媚起来。

　　"其实你笑起来真的挺可爱的。"

04 /

　　今年我 31 岁。

　　我已经有勇气把这些在心里藏了几十年的事情大大方方地当众说出来。

　　我不觉得有多丢人。

　　因为丢人的不是我，而是那些曾经肆无忌惮地伤害别人的人。

　　女孩总是容易因外貌被羞辱，特别是年纪小的女孩。

　　这大概就是最早的 pua（Pick-up Artist 的简称，原指搭讪艺术家，现指情感控制）吧。

如今想起来，什么多长了一颗痘，脚没有别人的小，胸比人家的平……那些都是少年维特的烦恼吧。

但在那个年纪，那些无疑是沉重到让我睡不着觉的压力了。

就像2岁时的世界末日，是玩具被人抢了；10岁时的世界末日，是考试没及格；15岁的世界末日，大概也就是脸上长了一颗痘，头发为什么这么塌，同学都嘲笑我平胸，暗恋的人不喜欢我是因为我长得不好看……

成年人可能会觉得不可思议，为什么要因为别人或故意或无心的一句话，就让自己活在永无止境的地狱里？

可能是因为他们的心太老了，老到忘了心理承受能力是随着年龄的增长而变强的，老到忘了一颗年轻的心有多脆弱。

现在有人说我平胸，我都会直接骂回去。

但15岁时，我只会涨红了脸，转过头去慌不择路地逃跑。

我去买廉价的厚海绵内衣，好像他们伤害了我，倒是我自己的错。

所以我想起来还是会难过的。

05 /

是的。

如今，我都当妈了。

我早不在乎自己的长脚趾了，甚至为了舒服，还刻意去买大半码的鞋。生完孩子后，我突然觉得小胸也挺好的，穿衣服还显瘦，现在我买的内衣都只有一层布。

我坚持防晒也不再是为了美白，而是为了抗老。鼻子上有黑头又怎么样？我连遮瑕膏都懒得用。谁会离你那么近？又不是人人都要跟你接吻。

但我依然会在梦里，回到青春期走路一瘸一拐还生怕别人看出来的恐惧里；回到留着齐刘海连走路都低着头，害怕被风吹到露出我的大脑门的恐惧里；回到只有穿着很厚的海绵内衣才有勇气出门，觉得别人看我一眼都是在指指点点的恐惧里。

我真的很想穿越回去摸摸自己的头，告诉这个脆弱的小女孩：脚长还是短，胸大还是小，肤色白还是黑，脸上有几颗痘痘，根本不影响你的好看。

将来总会有人欣赏你这独一无二的好看。

就像我的彦祖，无论我什么时候问他我美不美，他永远都能真诚地夸得我找不着北。

我也想告诉那些无论是怀有恶意，还是仅仅觉得是在开玩笑的小孩子们：人年少的时候，价值观是不稳定的，很容易被别人的话左右。

你永远不知道自己一句随口的玩笑，会给人造成多大的心理阴影，也不知道你偶尔的一句夸奖，会让她建立多大的自信。

做能让人变得更美好的一束光吧，而不是摧毁自信的一把刀。

我真心这么希望着。

## ○●我的"首富"妈妈

大家认识我妈吗?

不认识的,我可以给你们介绍一下。

我妈就是每次我发文章以后,下面赞赏栏里那个戴彩色围巾的女子。她神情坚毅,英姿勃发。

她是我的头号粉丝,也是我心目中的"首富"。

无论我哪个点推送文章,都会在半个小时内收到她的打赏。

有时候是 20 块,有时候是 5 块。打赏的多少,主要取决于她当天打麻将有没有赢钱。

但无论是刮风下雨,还是云卷云舒,只要我一发文章,她和我爹的脸一定会出现在那里,不悲不喜。

01 /

不瞒你们说,从我写公众号那年开始,以我妈为圆心,半径三百米的范围内，只要是还能喘气的生物，就知道她女儿是大名鼎鼎的"作家"。

不是我自以为的自媒体民工，也不是呕心沥血的"码字狗"，是作家。

总之，我没吹过的牛，我妈都替我吹了；我吹过的牛，她要加工得更璀璨些再吹一遍；我不好意思吹的牛，哪怕我捂着她的嘴，她也要声嘶力竭地对着全世界喊出来。

我曾经幻想过，即使有一天，有个坏人把她抓走了，想让她交出打麻将总赢钱的秘诀，在拿掉塞在她嘴里的毛巾后的那一瞬间，她也会声嘶力竭地喊出那句：关注摇铃铛公众号，ID是yaolinjun891214，经常有星标抽奖！

她的微信里有上百个群。

群消息多的时候，我仿佛能在她的手机上看见 2G 的标志。

我妈就默默潜伏在里面，每当我写了一篇新文，她就会一一转发到这些群里，配上一句"荐读！难得一见的好文"！

如果有人来夸，她就表明自己作者母亲的身份，如果有人说写的是什么垃圾，她就删了那句话当没看见。

发广告的时候她就更厉害了，我真的永远不知道她有多少小号。

重点是，她永远一副假装不认识我的样子。

我妈还是一个合格的地推员。

自从她退休后来长沙定居，我便很少出门。

因为她出去遛个弯，都能说服路人关注我的公众号。从小区邻居到茶馆牌友，就连后门水果店的老板，都自称是我的粉丝。

搞得我一个过气小博主，竟被迫有了偶像包袱，去楼下倒垃圾都要涂个口红。

后来我在公众号上开了店。

她喜出望外，因为出去打麻将又有了新的目标，那就是劝牌友来我店里消费。

我总是在她出去玩牌的下午，收到地址为长沙雨花区的新订单，随之而来的还有她的微信语音："女儿，你看到了吗？我让打麻将的张阿姨买你店里的洗发水！"

还记得有一次我们在家附近的商场逛街，有个阿姨站在优衣库门口看外套。她眼睛一亮，冲上去就攥着人家的手，说我女儿店里有这个外套，比这里便宜多了！

我和我爸目瞪口呆的那会儿，她已经帮阿姨下完单了。

从她身上，我懂得了什么叫传销与反传销。每当有人想骗我妈的钱，让她下载听都没听过的软件时，我妈总会反过来叫人家关注我的公众号。

对方疑心这是更新潮的骗术，只好悻悻然地走了。


02 /

但她也不是没碰过钉子。

她退休之前，每次从老家来长沙都是坐黑的士。在下车之前，我都会雷打不动地增加3个粉丝，因为4个小时的时间，足够她讲太多的故事。

没有人能拒绝成为一个诺贝尔文学奖候选者、拥有千万粉丝的网红、在长沙拥有一百套房的美少女的粉丝。

唯一一次失败，是她上次在车上遇到了我的一个老同学。

那天她清了清嗓子，刚打算发展下线，对方就认出了我爸，立马表示他是我的同学。

我妈刚说出"我女儿"三个字，对方已经迅速给我爸妈分享了他在国内某知名互联网企业就职，已在一线城市购房，有一个打算结婚的女朋友等人生赢家的经历。

这几个小时里，我妈几次想见缝插针，阐述我的辉煌历史，都没能插进去。

一山更有一山高，强中自有强中手。这些年，她还是第一次遇到这样的情况。

所以我妈彷徨了，失落了，彻底沉默了，思路都被打乱了。

但她并没有因此受挫从而一蹶不振。第二天上午，她去菜市场买菜，回来后兴高采烈地告诉我，我的公众号又新增了5位来自长沙的粉丝。

我不忍心说出口的是，即使她拼尽全力，拉的粉还没有我一天掉的多。

03 /

大家都以为我今天是来"装"的吧？

不算……是。

大部分时候，我妈的高调让我感到有些不适。尤其是她在花式

"装"，而我恰好也在场的时候，我简直想找面墙一头撞死。

这个世界上厉害的人太多了，狭隘的高调只会徒增笑料。

可还有一些时刻，我不太好意思承认：我确实有得到正面反馈啊！

哪怕是蹩脚到让我尴尬的赞扬和鼓励，也好过别人夸我的时候，我妈谦虚地来一句"你们不懂，其实她啥也不是"。

可能是因为内心太怯弱了，我经常会自卑。

我觉得自己长得不够好看，为什么我拍照要拼命找角度，拍完还要认真修照片，人家随便拍拍就光彩动人？

我情商也不高，别人动动嘴就能交到好朋友，我动动嘴却能收获一堆仇人。

我文章写得也一般。圈子里都是文采飞扬的人，而我，明明认真写了文章，阅读一差就会立刻陷入自我怀疑：我是不是不适合吃这一碗饭？

但每次当我妈一开口，我就能暗暗挺直背：哦，原来我这么厉害，原来我也值得父母骄傲。原来我这也好，那也好，原来我也能成为他们"装"的素材。

所以下次，我依旧会一边抱怨我妈怎么又在到处"装"，一边转过身，心情不错地觉得自己没白写。

起码粉丝掉到精光的那天，除了我的彦祖，列表里肯定还惨兮兮地站着她和我爸。

谁不渴望被家人肯定呢？就算是世界上最寂寂无闻的人。

所有自信、奋斗的动力都来自他们，只要他们说你可以，你再累也能爬起来觉得自己可以。

也许你在别人的眼里是个废物，但只要那两个人觉得你是天下第一，你就好像已经衣袂飘飞，站在紫金山之巅，成为当之无愧的天下第一了。

## ○● 20 岁那年，我做梦都想要个 2 万块的包

01 /

20 出头的我，做梦都想拥有一个包。

那种动辄一两万块，一眼就能看出来很贵，连走线都散发出钞票的味道，好像自己这辈子都够不到的包。

那个包应该是什么牌子的呢？一定要是某个国际大牌，而且一定要是包身布满了 logo( 标志 )的——20 岁的我对奢侈品的狭隘了解，仅限于某地摊小贩都会仿冒，即使六线城市的男女老少都耳熟能详的牌子。

想要包怎么办？摸摸口袋，自己买不起。毕竟这个年纪的我们，大多拿着少得可怜的工资，基本生活都要靠父母的支援。

靠男朋友？自己都买不起的东西，凭什么期望别人送？

人在年轻的时候总有一种错觉：好像我们仅凭一些身外之物，就能轻而易举地获得品味提升。

彼时的我甚至笃定，一个包能带给我所有的幸福，能盖住我性格里那些胆怯的、困窘的、自卑的、抬不起头的部分。那不仅仅是一个包，还是让你在同性面前抬得起头的尊严、底气，甚至是能够用来作为武器或者盔甲之类的东西。

届时我会走在这个城市繁华的街头，昂首挺胸，像一只骄傲的天鹅，尖头高跟鞋在地板上发出嗒嗒的响声。手臂上的包能让我有底气跟任何阶层的人交谈都不会心虚发怵。

所以我为了这个并不存在的包，心烦、争吵，觉得自己所有的不幸都源于买不起这个包。

那时的我，怎么也想不到：如今那个包就老老实实地躺在我的柜子里。包是我自己买的，我没靠父母也没靠男人。

但我很少拿出来背。

因为它不太好搭衣服。而且，它也不如我在网上买的 50 块钱的藤编包那么轻。

02 /

年轻时，每个人都会相信一个"真理"：有一天有了很多很多钱，自己就一定比现在开心。

我也曾经掉入这样的怪圈，总和彦祖争吵。因为那个梦寐以求的包，我无法接受自己和对方都对满足虚荣本身无能为力。

所以我们会因为另一半不够有钱，不能一掷千金就互相埋怨。

我们会因为囊中羞涩，买不起喜欢的东西就自暴自弃，或者会因为父母给不了得天独厚的条件，没有赢在起跑线就怨人怨己。

欲望与实力无法匹配，你心里就会滋生恨意，却忘了每一个让你微笑的时刻，你感受到的幸福都和钱无关。

幸福其实是秋夜你打了个寒战，他揽你进大衣；是打电话给爸妈说好累，他们说大不了辞工回家休息；是小猫慵懒地伸了下腰，对你露出肚皮；是零度天气看风景，有幸与他共饮冰。

钱确实很重要，可以解婚姻的苦，也能救至亲的命。

所以我们眼睛所及之处，全都是钱。

全世界都在告诉你，谈恋爱不如赚钱，结婚不如赚钱，似乎钱能解决所有的问题。

但你有没有想过，自己要过什么样的人生？

03 /

人的幸福感到底来源于哪里？

以前我发过这样一条微博。

在大学期间，我每个月只有 800 块钱生活费，去吃一顿自助餐要花 50 块。我每次都会赶在餐厅刚开门那会儿进去，带一板健胃消食片，吃到撑死直到打烊才出来。为了这顿我宁愿在公交车上来回站两个小时，然后津津乐道好长时间。

毕业以后，我每个月拿 1500 块左右的工资，不敢参加同学聚会，怕让我结账，每天羡慕同事背着几千块的包。但是那种因为穷产生的窘迫，我下班以后眨眼就忘了，因为回家路上有 20 块的麻辣烫，离几百米远你都能闻到它的香味，我知道它很脏（一个月以后甚至吃出了胃炎），但是真的特别好吃。

后来我换了一份工作，工资涨到了 3000 块。我能在网上买三四百一件的裙子了，"双十一"也能跟大家一起凑凑热闹了，200 多块的焖锅也能一周去吃一次了，周末还能跟朋友去夜宵摊上撸个串，我请。

再往后，我在 20 岁出头时渴望过的大多数东西我都能拥有了。说起来我其实应该更幸福才对，但是并没有。

这样想来，虽然年轻的时候因为自己穿的地摊货、买的几十块的包、出门打不起车真的自卑了很长时间，但要是真正说自己过得有多不快乐其实也不对。

收到在网上买的 50 块钱的包时，其实和我前年在日本买下两万块的包那会儿，快乐程度是一样的。

吃几百块的日料，其实和我 2013 年在长沙大学门口吃 20 块钱的麻辣烫，满足程度是一样的。

恋人依旧是那个恋人，朋友也依旧是那帮朋友，除了因出去旅游下馆子的次数变多了，我的消费水平和赚 3000 块的时候没有任何区别。

如今，30 岁的我不再需要靠外在的东西来维持弱不禁风的自信。赚钱确实很有成就感，但是幸福感只有自己能给自己。

很多人过得不快乐都不是因为没钱。这年头只要你肯努力一点，都不会太穷。

不幸福的本质是不满足。

## ○●做一个温柔的人，比做一个成功的人厉害多了

01 /

上周我和几个朋友一块吃饭。

其中一道菜是大闸蟹。

菜端上来后，大家都兴致勃勃地上手。只有我旁边的一个小姑娘纹丝不动，只是盯着盘子里的螃蟹发愣。

我问她怎么不吃？她笑得很勉强，摆手说不要了，吃不惯。

我瞬间意识到一件事：她不会剥螃蟹。

怎么办，总不能让她一直盯着我们吃吧？

我短暂地思考了两秒，立马从盘子里抓起一只螃蟹，大声问彦祖这个怎么吃，说我不会拆。

彦祖瞬间心领神会，拿起螃蟹就开始教我：要先打开蟹盖，然后拆身子，心、肺、腮都不能吃，螃蟹腿里也有肉，黄色的是蟹黄，最有营养……

我频频点头，用余光看了一眼旁边的姑娘。她也在全神贯注地听。

我心里松了一口气。

为什么我一眼就能看出小姑娘的窘迫？因为她手足无措的模样，真的很像几年前的自己。

第一次吃螃蟹的我，也是这么如坐针毡。

那时彦祖扮演了我的角色，他一眼就看出来了，但他什么也没说，只是默默地手把手教我。

他没有嘲笑我，说"你怎么连这个都不会"或者"你家不至于这么穷吧，螃蟹都没得吃"，而是小心翼翼地照顾好我的自尊。

被那么温柔对待过的人，才会在同样的时刻，想温柔地对待别人。

02 /

还记得很早以前，知乎上曾经有个热门问题。

"初次跟女生吃牛排时，女生对服务员说要八分熟，你应该说些什么来缓解尴尬？"

最高票的答案是"我也要八分熟"。

我当时心里一动：多不动声色地解围啊！

想起大学时有个男生请我吃牛排，我拿错了刀叉。他笑得前仰后合，我的脸红成了猪肝。

后来的很多场合里，他都把这件事当成笑话，导致这都成了我的心理阴影，毕业后我再没和他联系过。

同样是人生的"第一次"，有些人给你的，是无数次回忆起那一刻，心里荡漾起的温柔。

有些人给你的是难堪，是自卑，是再也隐藏不住的自惭形秽。

可有人住高楼，有人在深沟；有人光万丈，有人一身锈。

那些嘲讽别人的人，不过是刚好生在衣食无忧的家庭，刚好见识了更大的世界，刚好比别人懂得多一点点，刚好比大多数人走运。

所以他们就能仰着头说一句：怎么你连这都不会？

可谁又比谁高贵呢？

03 /

很多人都有懵懂无知的 20 岁，我也是。

我父母没什么钱，所以我从小不知道怎么吃螃蟹，不知道怎么调私家车座位，从没有吃过比萨，第一次坐地铁坐反了都不好意思问，也不了解任何奢侈品牌——所以我在网上花 50 块钱买到了假名牌包，被人背地里嘲笑了好几个月才知道。

那时的我脸皮薄，总是遮遮掩掩的，认为被人看出自己的无知，感觉特别丢脸。

不会吃螃蟹觉得丢人，没坐过私家车觉得丢人，买到假名牌包觉得丢人，第一次吃西式快餐不知道吸管在哪里拿，也觉得丢人。

过了好多年我才意识到，丢人的根本不是我，而是那些有着与生俱来的优越家境，有着父母提供的广阔视野，就把运气误以为是能力，肆无忌惮嘲笑和挖苦别人的人。

我从没有去雪朗峰山顶的旋转餐厅吃过饭，没有到巴黎的广场喂过鸽子，不知道阿拉斯加帝王蟹是什么味道，也不能体会有一柜子的名牌包是什么感觉。

但是 20 岁的我没有体验过这种生活，并不意味着 30 岁、40 岁的我也没办法触摸这种生活。

每个人都有第一次，在人生中的很多时刻。

每个人也不会永远停留在第一次，因为我们总会越来越好。

也是很久以后我才知道，那些为了让自己看上去很厉害好像见过很多世面，而去嘲笑和伤害别人的人有多可笑。

毕竟做一个温柔的人，可比做一个成功的人厉害多了。

## ○●他爱占便宜的样子真丑

01 /

刚工作时，我特别特别穷。

穷到什么地步呢？我一个月的工资就1000多。要租房，要吃饭，要买生活用品……在女孩最年轻漂亮的年纪，我却只能买得起百雀羚和郁美净。

所以我那时候疏远了不少同学和朋友，因为维持友情是要花钱的——聚会要花钱，吃饭要花钱，出门要花钱。我又不想总占别人的便宜，就只能用一些工作忙、要加班之类的蹩脚理由来搪塞对方。

直到有一天，一个大学同学被调到长沙工作，她约我和一个我俩共同的朋友一起吃饭。

我吓得瑟瑟发抖一直推托，改了好几个时间都说没空。那个朋友还在打圆场，说再找一天吧，她却生气了：熟人都不给面子，找你出来吃饭怎么比找玉皇大帝还难？

　　她都这么说了，我只好答应。我咬咬牙说我请你们去xx餐厅吃吧。我当时都估算好价格了：人均消费100左右，我还能承担。

　　你猜她说什么？"你这请客也太没诚意了吧！我知道一家更好吃的，我们就去那。"

　　然后她不等我回答就发了地址，说你们打车过来吧！

　　饭桌上，她开始抢着点菜，本着"不求最对，只求最贵""不求质量，只求数量"的原则，点了一堆菜，还说老同学叙旧怎么能不喝酒，非要加瓶红酒。

　　吃饱喝足之后，桌上果然还有不少东西没动。她靠在椅背上惬意地剔牙，我起身去结账。

　　朋友心生不忍，拉着我说太贵了，要不我们平摊吧。她毫不在乎地说："哎呀，没事，她有钱！"

　　这顿饭我吃得非常难过。我一言不发，心里一直在滴血。3个人居然吃了快800块，这是我大半个月的工资。真的，我长这么大都没吃过这么贵的饭，这是头一次。

　　吃干抹净以后，自然是挥手道别了，她嬉皮笑脸："谢谢款待，我走了，下回请你！"

　　可是这样的人，自然是没有下次了——她不只没回请，后来还无数次在微信上追着我继续要我请客，我再傻也该拒绝了。

　　后来我才从几个共同好友的口中得知，原来这姐们一向不招人待见，大学时就整天蹭吃蹭喝，出去吃饭从不买单，早已经臭名昭著了。

　　当时我就在想，那些爱占便宜的人，到底是怎么想的？

　　毕竟之前好朋友说请吃饭，我向来想的都是怎么给对方省钱，我恨不得找最实惠的饭馆，点最划算的菜，喜欢的小龙虾吃完了都不敢再加一份。不占便宜是修养，而且是起码的人际交往规则和餐桌文化吧。

　　没想到世界上还有这种人，你顾念朋友情谊，她却想着"有便宜不占白不占"。

　　我把你当朋友，你把我当傻子？

02 /

　　之前有个还在大学念书的读者，也跟我吐槽过他的室友。

　　一个无比奇葩的"水蛭"，看到谁他都想吸口血。

　　首先他巨爱占便宜，不管跟谁出门都不带钱包。不管吃东西还是逛超市，他都说你先帮我买单吧，我没零钱，回去就不提还钱的事了。你要是鼓起勇气问他，他还鄙夷地说："你是不是穷疯了？这点钱都要？"

　　然后他每天到了饭点也不下楼，让你带饭。吃完饭他当然也是不会给钱的了。你要是拒绝，他还会嘟囔："不就是顺手的事吗，你也太小气了吧？"

　　他会蹭你的衣服穿，蹭你的护肤品抹，偷偷用你的洗发水、沐浴露，甚至还拿个小瓶子灌了藏起来……

　　最无语的是不管你是拿了奖学金，还是兼职挣了点钱，他要是知道了一定会嚷嚷着要你请客。吃便宜的还不行，一定要上档次的，不然你就是抠门，就是计较，就是自私！

他的口头禅就是"你这么有钱，为什么不请我吃饭"，被拒绝了他还说："这年头就是越有钱的越抠门！"

读者气得肺都要炸了："铃铛你来评评理。我有钱，那也是我爸妈的血汗钱，我自己挣的辛苦钱。我是坑你了还是欠你了，不要脸怎么都这么心安理得？"

"你说我小气，你给过我一分钱吗？你请我吃过一顿饭吗？"

"恬不知耻，像乞丐一样伸手的你，尊严又值几毛钱？"

03 /

生活中总有这样的人。

你出门旅游好心帮他代购，跑了无数地方花了大笔交通费，他在网上算好汇率还要求抹零。

他让你帮忙带饭买东西，说回来再给你钱，结果回头就不提这茬了，你还不好意思问。

要你免费跑腿给他当苦力，你不愿意，他还说你怎么这么小气，这点小忙都不愿意帮。

他甚至慷他人之慨，占你的便宜去树自己的大方人设，你拒绝他还说你精明算计……

你用自己的血，养活了这些不要脸的奇葩；他们占完你的便宜，却回头说你小气。

有时候我也会思考，这些每天说别人抠的人，自己真的大方吗？

不，他们骨子里其实比谁都吝啬，心比谁都穷。

要不是这样，他们怎么会天天追着别人想占点便宜？

往往这样的人，胃口会被退让心软的你养得越来越大，越来越觉得别人的付出是理所应当的。都说斗米养恩、担米养仇，让他占了一时的便宜，你就得吃一辈子的亏，不然他甚至会恨你。

这都是惯出来的毛病。

他丝毫不会因为你给了他好处、方便就心存感激，他只会觉得能占到便宜是他的本事："我凭我的能力占的便宜，为啥要还人情？"

呵呵。

人有时候很奇怪，连铃铛自己也是如此：越是遇到那种不想让我吃亏的，我反而越希望多付出，也越不愿让他吃亏，最后我们都成了很好的朋友；越是遇到那种喜欢占我便宜，费尽心思从我身上扒皮的，我越会跟他计较，什么都算得一清二楚，最后对他敬而远之。

我是有钱了，但也不想把钱花到这种人身上。

我爱的人太多了，我对他们好都忙不过来。

对，你是占到了便宜没错，但是你知道自己失去了什么吗？

你失去的，是多少钱都换不回来的人品和几百万都买不到的人心。

○ ●那些看起来无坚不摧的成年人，
　　其实心里都住着一个吃不饱的孩子

我前几天上网，看到一个问题。

为什么会有人穿几十块的帆布鞋？

我看了心堵，这个问题里是满眼的何不食肉糜。

我都能想象到电脑对面的那个人，带着鄙夷的神情，一边跷着穿着名牌鞋子的脚，一边在键盘上噼里啪啦地打下这行字的情景。

为什么会有人穿几十块的帆布鞋？

大部分人的第一反应，可能是因为买不起几百块的名牌吧。

但他们不知道，这个世界上还有一种人，是连几十块的帆布鞋都没有机会穿的。

01 /

从小到大，向南身上所有的衣服都是亲戚给的。

别说什么帆布鞋了，连穿正常的鞋子都是奢望——

鞋子是妈妈淘汰下来的高跟鞋，她把鞋跟敲掉了穿，走路时前脚掌是翘起来的，非常奇怪；外套是姑姑的，老气横秋的款式，还不合身，非常怪异；冬天的毛衣是人家穿了好多年不要的，上面起了很多小毛球。每天早上往头上套衣服的时候，她都觉得自己像个乞丐。

唯一的区别是什么呢？可能是乞丐还有在垃圾堆里翻拣衣服的自由。

她没有。

向南家里并不穷。确切来说，没有穷到那个地步。只是在父母看来，一切学习以外的消费都是不必要的，比如零花钱，比如新衣服。

她还有弟弟妹妹，父母哪来那么多的闲钱给她置办衣服？

于是从小学开始，她就因为穿着被人歧视。同学排挤她、嘲笑她、孤立她。有时候碰巧一起放学回家，同学还会把她围在中间，哈哈大笑："你说世界上会不会还有一个人跟你一样，每天穿着抹布？"

因为无知，孩子的恶意总是赤裸裸的，毫不掩饰。

她也不是没有反抗过。

一次考试拿了高分，向南畏畏缩缩地跟妈妈说，想要她带自己去买衣服。

话音未落，妈妈就暴跳如雷，愤怒地用手指点着她的脑袋说："这么小就学会了攀比，不缺吃不缺穿的，给你上学就不错了，你有什么脸要这要那的？"

她语塞。那一刻她的心里好像突然张开了一只眼睛，在默默地流着泪。

从此以后，她再也没有向父母开过一次口。

在残忍得根本意识不到孩子也有自尊心的大人面前，还有什么好说的？

那年她也就 10 岁。

面对汹涌得无法抵抗的自卑，她好像一瞬间长大了，独立于同龄人之外，像个旁观者，也像个怪胎。

02 /

转眼到了高中，她读了寄宿制学校，父母给她一个月 300 块钱的生活费。

不多，勉强够吃饭，但好歹她拥有了第一笔可以自由支配的财产。

她悄悄攒了一个多月的钱，每顿只打一个菜，终于攒到了人生中第一个 100 块。

然后她攥着钱去了学校附近的一家服装超市。

现在想起来，那不过是一家很破的小镇超市，看上去房顶随时都会被掀开，但对毫无消费经验的她来说，进去难免也会感到畏缩。

像丛林一样密集凌乱的衣服货架，似笑非笑不停打量她的服务员，小心翼翼到落地都不敢发出声音的脚步，还有她手里攥了很久的汗津津的 100 块。

她偷偷观察店里的其他顾客，学她们在衣架上翻来翻去，极力让自己看起来像个老手，她逡巡了很久，才有一个服务员神色倨傲地踱步过来，像是很不耐烦她来回翻衣服，高声的询问里都是掩盖不住的反感。

"学生，你买什么？没看好别乱翻。"

她措手不及，粉饰半天的熟练轰然垮塌。她只好怯生生地回道："想买一套上衣和裤子，秋天穿的。"

服务员在货架上找了半天，丢来一件藏青色卫衣和长裤。她觉得还可以。也有可能当时的她根本不知道审美为何物。

没有比画，更没有试穿，因为她根本没有想过合不合适——往后的十几年里，她买衣服也从不试穿。在镜子前面打量自己让她觉得浑身难受，周围人的注视在她看来都是嘲弄。

从进超市到结完账，全程也就十分钟。她拿着衣服，像条丧家之犬似的匆忙逃离这里。


03 /

"你今天看起来蛮漂亮的，这套衣服我很喜欢。"

穿着新衣服上课的第一天，她就被夸了。

那个平时根本不正眼瞧她的男生，她暗恋了很久的男生，居然认认真真地打量了她，还夸她好看。

向南涨红了脸，心跳得很快，嗫嚅了半天才挤出一句"谢谢"。后来，那堂课她一个字也没有听进去，脑海里反复在回响男生说的每一个字。

"蛮漂亮，很喜欢。"

一整天，她怀里都好像揣了一只兔子，那只兔子在不停地扑腾。她慌张得只好趴在桌子上，生怕被别人偷窥到了她心里的笑声。

后来想起来，那不过是一套很蹩脚的衣服，码数都不对，很大的一件，毕竟她当时根本不知道买衣服要看码子。但那又有什么关系呢？她终于拥有了人生里属于自己的第一套衣服啊！

她再也不用因为衣服不合身或太老气而被人笑了；再也不用因为裤子打着补丁就称病不去上体育课了；再也不怕跟同学交往了，下课也不用总是独自一人坐在自己的位子上了。

之后的向南，每天心心念念要穿那件衣服上学。她甚至会在阴雨天衣服根本没干的时候，硬着头皮穿上那件衣服。卫衣润湿了内衣，长裤浸湿了内裤，她都不在乎。

她唯一害怕的，是被人发现湿润的衣袖和衣角，所以不敢跟人靠太近。有人伸手拉她她都会灵活地躲避，上厕所都特意去没有人的楼层。

毕业以后，那套衣服被她束之高阁，她不再穿了，却总会拿出来抚摸。

毕竟，那是她晦涩灰暗的青春里，为数不多的一点亮光了。


04 /

后来向南就这样寂静无声地长大。

直到 20 多岁，她才发现自己有病。

她患上了疯狂买衣服的病——多的时候，她一个月能买上两百多件衣服，商场去不起，就在网上下单；贵的衣服买不起，就"刷"便宜的。

饭可以不吃，衣服一定要买。到最后，一堆廉价的衣服多到连衣柜都放不下了，在房间里杂乱地堆成一座小山。有些衣服她只穿过一两次，大部分衣服连吊牌都没拆。但她还是乐此不疲地买，疯狂地买，补偿性地买，报复性地买——只有在下单结账的那一刻，心里那个欲望的黑洞才被填得满满当当的，心里再也不空落落的了。

似乎全部的自尊，在下单买衣服的那一刻都能得到。

她每个月 4000 多的工资，几乎都花在买衣服上面了。为了省钱买衣服，她长期节食，瘦骨嶙峋，脾气也越发暴躁。相恋几年的男朋友实在无法忍受，终于跟她分手了。

分手那天，她把自己一个人关在房间里，一边痛哭到呕吐，一边在手机上疯狂地翻着收藏的店铺，看哪家有"上新"。

黑暗里，每一件衣服都在向她眨着眼睛，对她说："买吧，买吧，买了你就开心了。"

后来她看到一句话——

"鱼身体里那么多刺，不会痛吗？"

这说法用在人身上也挺适合的，那些往事曾经像刺一样扎在身体里，时间久了我们就感觉不到痛了，它们大概不是消失了，而是都已经变成我们的骨头了吧。

可能是吧，以前那些因为穿着而丢掉的自尊，是把她扎得千疮百孔的刺。现在，它们却都逐渐变成了她赖以生存的骨头。她回忆起一次，就会疼痛一次，万不得已把止痛药打进血液里，只有通过不断消费来缓解疼痛，在短暂的抚慰中得到救赎。

过了这么久，她才发现自己是个伤痕累累的病人。

不幸的是，她一直没能遇到医生。

**铃铛说**

//

这是来自我一个朋友的亲身经历，真实的故事。

她现在 30 岁了，其实薪水已经很高了，能买得起几千块的衣服了，但她还是克制不住地买着 30 块的廉价裙子。

因为这样她就能买得更多一些，再多一些，多到她饥饿的心终于得到了温饱。好像这样做就能补偿曾经那个 10 岁的小女孩，帮她逃离同学逼问她为什么穿着抹布来上学的窘迫。

她无数次问过自己，也质问过父母：为什么小时候要这样对待她？为什么宁愿打她一顿也不给她买新衣服，在她发育阶段还逼着她穿了几年的母亲变形褪色的内衣？为什么同样是父母的孩子，弟弟就能每个月穿新衣服，拿 1000 块的零花钱？

她想不通，怎么也想不通，每次哭着问父母，他们都一脸无辜地说不记得了，还骂她怎么这么记仇，只知道打扮，爸妈养你这么大容易吗？

这个坎，她可能这辈子都过不去了。

长大以后，我才发现那些看起来衣冠楚楚的成年人，无坚不摧的成年人，其实心里都住着一个吃不饱的孩子。

有些人小时候食物匮乏，长大以后的表现就是得了暴食症，吃饭又快又多，吃到哭，吃到呕吐，下一顿却又抑制不住地往嘴里塞食物。

有些人小时候总是得不到想要的玩具，四五十岁了还痴迷于洋娃娃和手办，即使被嘲笑幼稚，即使买到倾家荡产，也停止不了囤积玩具的步伐。

有些人小时候没有得到过亲人的关心，长大以后就会不断地被坏男人欺骗。几块钱的麻辣烫就能把她们骗走，一点点的温暖就会让她们沦陷。

小时候缺乏的，长大以后人都会努力地想要找补。于是很多人一生都从治愈童年心理创伤的怪圈中走不出来。

可是说到底，我们缺的不是物质，是爱。食物、衣服，这些都不是爱啊。

我好想穿越回去，抱抱这些难过的小孩，也抱抱长大了的他们。

我知道的，我知道的啊，你不是疯了，你只是病了。

抱抱你。

## ○● 31 岁生日，我想告诉你的

01 /

【其实你真的没必要那么在意别人的感受。】

以前我是讨好型人格。

讨好到什么地步？你给我一片树叶，我就感恩戴德到恨不得给你栽一座花园；你对我笑一下，我就想立马告诉你我的银行卡密码。

做很多事之前，我会优先考虑别人开不开心，把自己的感受摆在最后。

然后……我抑郁了。

我讨好的那些"朋友"，并没有按我所愿被我的付出所打动。我事事以别人为先，反而让人家习惯了事事以我为后。

长此以往，我心理失衡，彻底爆炸，干脆破罐破摔。但当我不再一味地讨好别人时，我发现别人反而会在意我的想法了。

我才蓦然意识到，你自己都不关心自己的感受，凭什么要别人关心你的感受？

怕得罪别人，就一直忍耐；怕破坏自己的完美形象，真正想说的话想做的事就都憋着。

装好人的下场就是要一辈子装好人。哪天你憋不住了，就全都白装了。

全世界都会指责你：你怎么变得这么自私？

别觉得"为自己着想"这件事丢人。只要不以伤害别人为目的，每个人都有权多爱自己一点。

总为别人考虑，是在对自己施暴。

02 /

【你不用跟每个人都成为朋友。】

博主燕公子发过一条微博，说她朋友公司有个员工，不讨好任何人，公司团建也不去，平时也不跟同事打交道，所以没什么朋友，也根本不会晋升。

有人说他蠢。

我就很疑惑，成年人没有不搞人际关系的自由吗？

不是每个人的追求都是升迁、被上司器重、受同事喜爱。比起全公司一起团建，他可能更想早点回家，宅着打两把游戏，享受老婆孩子热炕头。

我也没几个朋友，以前觉得丢人，甚至会担心结婚的时候没人可邀请，朋友席坐不满一桌。

现在我发现年纪大了体力真的跟不上了，朋友少的好处是在照顾家庭以外，你仅剩的精力可以分给值得你去陪伴的人。

真的，你不一定需要那么多的朋友。

03 /

**【赚钱很重要，但快乐更重要。】**

我真诚地对大家说，确实要加油赚钱，但你千万不要把赚钱放在人生的第一位。

虽然这种话有点站着说话不腰疼的意思，但实际上我焦虑症最严重的那段时间，正是我来钱最快的那段时间。

因为有钱不可能不赚啊，我没日没夜地写稿，有时候连觉也不睡，连轴转的后果就是我的情绪彻底崩溃了。

有一次我憋了一天都写不出一个字，我焦虑到拿头撞墙。彦祖吓坏了，我爸妈也吓坏了。

后来我就知道了，有些钱本来就不属于我这种人。

上进、奋斗和"996"，都是需要良好的心理素质和身体素质的。

当然我也会很羡慕那些擅长赚钱的人啦。他们在朋友圈晒存款、豪宅，我也会跟着做做梦。但真要我拿自己的生活跟他们交换，我其实是不愿意的。

除非我看见他们真的财富自由到能提前退休。

赚钱是为了啥？更好地生活。

如果你能赚到很多钱，但没有谈恋爱的时间，没有陪家人的时间，没有享受美食的时间，没有出去旅游的时间。和朋友家人都疏远了，等到你有时间的时候一切都晚了。青春不再，心境不再。

那你赚钱是为了什么？

04 /

【脸皮没那么重要。】

我以前脸皮薄，性子软，谁看见都想捏一捏。有人说我斤斤计较，我脸红脖子粗地反驳；有人说我喜欢吃醋，我就在该吃醋的时候强行装大度。

后来我发现去你的。

有些人，很坏又很尿。他们不敢光明正大地干坏事，就利用你脸皮薄这一点来欺负你，你生气还用道德绑架你，以达到他们内心阴暗的目的。

现在谁敢让我尴尬，我就敢让他更尴尬。

"你为什么这么斤斤计较？"

"因为我抠。"

"你为什么会生气？"

"因为我吃醋。"

"你们为什么不在家做饭？"

"因为我们懒。"

"你为什么不把吃的分给我？"

"因为我自己都吃不够。"

05 /

【珍惜那些不计回报对你好的人，以及事事把你摆在第一位的人。】

年纪越大越觉得这种人珍贵。

我最好的闺密，我和她有啥好吃的都想着对方，遇到什么不开心的都会互相倾诉。人到中年，身边有朋友没有任何功利心地在和你交往，这在逼仄的人生里真的非常非常治愈人啊！

不光是朋友，家人也是一样。可能人类的弱点就是容易忽视身边这样的人，但只要你经过一次大的打击，就知道这种关系有多值得珍惜了。

因为其实在很多人的眼里，你没有自己想象得那么重要。

所以把你看得天下第一重要的人，请你一定、一定要珍惜他。

06 /

【听了一万个道理，也不如自己摔个跟头有用。】

上面聊了这么多，其实你爱听不听。要是你觉得不对，就当我胡说。

身为射手座，我很清楚，对于有些年轻人来说，除非你自己重重摔了一跤，疼痛让你长了记性，否则你不同意的道理，别人说再多你都听不进去。

其实所有写鸡汤文的人，也不过是在找志同道合的人罢了。有切身体会，才有感同身受。

如果没有，通往幸福的就只有一条捷径：保持真实、努力、善良。相信自己，然后坚持下去。

"人成功的方法只有一种，那就是按自己喜欢的方式过一生。"

## ○● 19 岁喜欢的人，32 岁还在身边

01 /

昨天中午我和彦祖去吃小笼包。

等上菜的时候，他突然接到了一个工作上的电话，表情瞬间从放松变得严肃。他跟电话那边的人说着什么。

当时我正在刷微博，刷到一条"18 岁喜欢的人，28 岁还在身边"，我抬头看了看他。

画面和 19 岁的他慢慢重叠了。

那时候我俩刚谈恋爱。他面庞青涩，体形瘦削。他会经常在和我吃饭的时候打电话给同学，兴高采烈地与他们讨论游戏的玩法、暑假要去哪个网吧刷夜，说要去那家开了十三年的夜宵店撸串。

如今的他微微发福，有了一点双下巴。我们依旧坐在一起吃饭，像当年一样。接电话的内容从游戏该怎么打，变成了我听不懂的工作术语。我们已经 30 多岁了，他已经是个成熟的职场人，也是我两

岁孩子的爸爸。

以前的我们，都没有想过如今会是这个样子吧？

于是我拿起手机，在那条微博评论里留下一句"19岁喜欢的人，32岁还在身边"。

02 /

刚好前段时间，我脑海里就一直环绕着一句话。

"十几岁的时候，你料到过今天吗？"

假如在某一刻，天空里突然出现了上面这一行大字。

你会想什么？

大概，那些在写字楼里彻夜加班的人，一边哄孩子一边看窗外路灯的人，和忘不掉的人分手，找了个彼此都不那么深爱但也不会因此受爱情的苦的相亲对象结婚的人，被生活的疲惫折磨得忘了拥抱，也忘了关心身边最该珍惜的人的人，都会抬起头，看着这行字默默地出神。

今天做的工作，还是不是你以前想做的那一个？

现在过着的生活，是不是你以前希望过的那一种？

身边躺着的人，还是不是你当初梦想和他结婚的那个人？

我反正从没思考过。

尤其是过18岁生日的时候，我怎么会知道当初那个在聚光灯下疯狂摇头的理科男贝斯手，会成为我未来的丈夫呢？

我更不可能知道十多年后，我们会一起打拼，一路升级打怪，还会生一个可爱的宝宝。如今我们每天工作完，把孩子哄睡后，就激动地开始搞夜宵啤酒，吃完撑得睡不着，两个人就七仰八叉地躺在床上玩手机，聊聊天再睡觉。

原本，我以为自己会是个一辈子不结婚不生孩子的人。

03 /

所有情侣都吵架，我们也不例外。

在 20 岁的时候，我俩是朋友圈里出了名的吵架王者。

吵架理由有但不限于他去撸串不带我，他打游戏不教我，他吃饭的时候吃的菜比我多，他不肯穿我买的粉色情侣衫，等等。

由于冲突太激烈又频繁，身边没有一个人是看好我们能走到最后的（包括我自己也不太信）。

吵架吵得最凶的那一次，我哭得抽抽的，感伤地说："要是咱俩以后真分手了，十年后在街头相遇，你见到我牵了个小女孩，对我说'你女儿真可爱'，问我叫什么名字。我会告诉你，'她姓刘，叫刘不悔'，意思是我爱过你，但我不后悔。"

当时气炸的彦祖瞬间笑场，因为这话太肉麻。这么多年了，他还会时不时把这个段子拿出来说。

十四年了，我们没分手，而是结了婚。我们也没有生女儿，而是生了个儿子。儿子大名也不叫刘不悔，小名叫小咕噜。我们还一起去了很多很多地方。

以前是两个人一块儿。

后来偶尔会六个人一块儿。

再后来又多了一个小孩。

04 /

我其实是个很难与别人建立长期关系的人。

这大概是传说中的边缘型人格吧，容易喜欢上一个人也容易厌烦一个人，不自觉就会把很多关系搞砸。

所以从小到大，他是我唯一交往超过 10 年的"朋友"。

在一起的那些年，我逐渐觉得这个人很神奇。

怎么有人吵架吵成这样还不会分手，过一会儿就跟没事人一样正常和我说话？

原来不是每个人吵完架都会拉黑对方，使关系崩溃啊！原来他历数我的不好，是为了改善我们之间的关系，而不是为了一脚蹬开我。

从这段关系里，我才知道人和人之间最大的安全感是"作不跑闹不走"，关系里最值得珍惜的品质也不是喜欢，而是坚持。

相爱很难吗？有荷尔蒙的悸动，互相长得不难看，有暧昧的场合催化，就能做到。

但想长久维护一段关系，还是得有幸运、努力的成分，还有即使感觉痛苦、日子难熬，也绝对舍不得放下彼此的决心。


现代人都太骄傲了。

恐婚恐育的人太多，不信爱情的人也太多。

有些人想着反正选择那么多，大不了吵架了就拉黑，不开心就分手。这是很潇洒，但和谁相处不要留出时间磨合呢？

所以从校园到婚纱的评论，才会被赞到前排吧。

　　大家需要一点点甜，哪怕是看起来很甜。大家需要给自己一点进入一段关系的信心。

　　对现在的我来说，与彦祖一起度过的每一年都值得庆祝。我不再觉得吵架可怕，因为我知道我俩怎么吵都不会分手，太熟了，也不好意思撂太过分的狠话。每次想到我们余生还有更多的时间一起虚度，我不会孤单一人，就觉得好像未来也没有那么黑暗。

　　我 32 岁了。

　　比起年轻时幻想的矢志不渝的爱、轰轰烈烈的喜欢、过山车一样的分手失恋、甜到发腻的偶像剧剧情，现在更能打动我的，是两个人一起为了同一个目标努力，一起吃胖肚子，一起牵手搂着孩子睡觉。

　　年纪大了，胆子也会变小。现在的我喜欢平稳、平和、平淡，不要再考验我已经很脆弱的小心脏了。

　　其实我和彦祖都是普通人，像所有平凡夫妻一样。他性子急，我脾气也差，平时会哭会闹会拌嘴，旁人看来也没有多甜蜜多细节化，只是青春里的回忆让我们给彼此镀了一层金吧。

　　这层金，是哪怕有一天时间让爱变得透明了，也足够让我们因为数不清的美好回忆，再一次唤起当年珍惜对方的心情。

　　当然会有比他更优秀的异性存在，但是那么多回忆里，都只有他在啊。

　　就像那句话所说的：所谓新鲜感，不是和未知的人一起去做同样的事情，而是和已知的人一起去体验未知的人生。

## ○● "上普通大学的人，都没有实力？"

01 /

在文章开始之前，我想问你一个问题。

你是什么学历？

你觉得自己的人生跟学历有多大的正相关性？

我之所以这样问，是因为之前看过的一个帖子。

帖子的名字叫《上三本的真的是"垃圾"人吗？》

作者在里面这样写道：

我从小是在农村长大的，随父母进城务工，也考上了市里的子弟学校，小升初时家里已决定在城市里定居了。

户口随机派位的结果很好，我进入了市中心一所优秀的中学。可正是因为这样，我和同学们的差距也越来越大。

每天上下学的通勤时间超过两小时，繁重的学业和疲惫的身心让我萌生退意。

我初中肄业了，上了一所技校。可是就在这所全校师生不过百人的技校内我又焕发光彩，学习的念头又一次涌上心头。

老师鼓励我以同等学力去参加高考，我就自学文科。可高考失败，我只考上了二线城市的一所独立院校。

我以前的同学说三本还不如他的专科好，专科学费便宜，还包分配，能顶岗实习。他说上三本的人都是没实力还虚荣的人。

我不知道该怎么证明我不是这种人，因为我确实一事无成。我做的最成功的事就是考上了大学，这是我初中时想都不敢想的事情。可最让我引以为傲的事情却被人嗤之以鼻，我很难过。

上三本是不是一件很丢脸的事？

02 /

看到这个帖子我惊了，迅速点进去，看看我是什么时候成为"垃圾"人的。

没错，我本人就是三本毕业的。

另外，我老公也是三本。

说不定，我快两岁的儿子将来也有可能是三本毕业。

也可能他连三本都考不上，毕竟他爸妈学习都这么差，他要是能考上二本那都算逆袭了。我不是黑他，想想望子成龙类的疯狂"内卷"，我还是稍微降低点对他的期待吧。

不可否认，17岁的时候我也以为自己这辈子要凉了，因为成绩实在太差了。

别说三本了，以我高三最后几次模拟考试的成绩，我想上好一点的专科都够呛。

结果也不知道从哪里借的狗屎运，我的高考成绩居然堪堪够上了三本线。放榜那天，我们全家都高兴疯了，集体出门放鞭炮。

于是，在所有人都觉得读书（仅限于一本和二本）决定命运的年代，我这个差生扛着包袱去了传说中比专科也就好那么一点的地方。

当然有人等着看笑话。因为大家觉得三本学校都是在敛财，我们是在打肿脸充胖子。三本也算大学？一年学费一万多！你还不如读个专科，学门手艺。

特别是身边有人高中毕业就去工地开挖机，一个月的工资就是我大半年的生活费，过年回家抽好烟，打大牌，十几岁的孩子一副见过大世面的样子。

但我爸妈的愿望简单又朴素：哪怕我成绩再差，至少也得有个大学上。所以他们咬咬牙，哪怕学费再贵，还是送我去了。

第一个学期，我果然"不负众望"，总共考7科，我挂了6科，唯一过的一科是开卷考试。

期末回家，我被我妈打得又哭又喊，一栋楼的声控灯都亮了。

我绝望的爸妈因此觉得我这辈子必定就这点出息了，甚至倾尽全力为我在老家准备了一个空门面，让我大学毕业了找不到工作就去卖鸭脖。

结果呢？

我在这个一般人都瞧不起的三本学校里，度过了四年，认识了到现在还很亲密的好朋友，找到了携手一生的人——我的老公彦祖。同学友好，老师负责，学校的每一样现在想起来都是我无比怀念的美好回忆。

我和彦祖毕业后，除刚工作时买不起房外，没有啃过老。因为从小就喜欢写作，我阴错阳差地做了自媒体；他不太擅长念书，但也努力学习考了证。这些年，我们反哺爸妈，给他们买了房，还清了两所房子的房贷，家里还添了个儿子——小咕噜。

而当初跟我们同在一间教室里学习的同学，有的在大企业打拼，有的继续追逐新闻梦想，有的娇妻在怀，孩子几个。

虽然生活中各有各的烦恼，但大部分人都有自己的目标，也许很普通，但依旧在努力地生活着。


03 /

类似的例子，还有彦祖一个发小的事。

彦祖这个发小从小也是出了名的差生。不是他不够勤奋，而是他再努力，也抵不过没有天赋。

小学时，老师要求背课文。全班同学都背完课文回家了，只有他急得号啕大哭，死活背不下来。

大家都觉得他傻，就这样的一个人，能顺利毕业吗？

高考后，他果然上了一所三本，也算勉强升学了。

他后来跟我们说，刚进大学，他看着周围的同学和老师，想着，我真的甘心在这里读书吗？

这一秒，他心里其实有了答案。

"既然我笨一点，那我就要比别人更努力一点。"

接下来的四年，他没有像别的同学一样沉浸于吃喝玩乐，而是花了不少的时间看书。在周围人的眼里，他看起来像个异类。

是啤酒不好喝还是电脑不好玩？你装什么装？

谁也没想到，发小最后居然考上了中南大学的研究生，之后又顺利读了博士。如今长辈眼中的差生，已经开始带研究生了。

（唯一可惜的是他读书太认真，近视度数跟学历一起升高了不少，而且到现在他还寂寞地单身着。）

我想，考进三本时，在不少人的眼里，说不定他也是"扶不起的阿斗"，永远不可能发达，所以就成了可以不用费力维持关系的"闲人"吧。

04 /

我上面的文字，绝对不是在说学习差也没事，也不是鼓励大家向下滑落。

成绩非常非常重要。

对大部分寒门学子来说，读书是通向成功的捷径。大学就是触碰自己梦寐以求的人生的敲门砖。

你所就读的高校，你的同学，你的老师，你将要从事的工作……都环环相扣地影响着你的未来。

人想跨越阶层，最简单的办法就是读书。

但这绝对不代表读书是通往幸福唯一的路。

就因为你考上的是一所三本，你就能被人随意下定义？你到底是跃龙门的鲤鱼，还是被人弃之如敝屦？

你是什么样的人，只有你才有权利定义。

上学的时间只有十几年，比这十几年更重要的，是你清楚自己想做什么样的人，想把工作扎根在什么领域，想找个什么样的人生伴侣，下个十年想达到什么样的目标。

不信你现在回想一下，身边那些过得不错或者不太好的人，你能看出他们哪些人是三本毕业的吗？

## 05 /

铃铛今年 32 岁，说老不老，但是说年轻也不年轻了。

这些年的经历告诉我：永远不要因为一次算不上是失败的失败，就给自己的人生判了死刑。

我之前在网上看过一个故事，这个故事来自网友"不仅仅"，说一个孩子考上理想大学的第一天就跳楼了，留下遗言：爸爸妈妈，你们要我做的事我做到了，永远别再来烦我了。

下面有这样一条评论：大部分家长都是那么教育孩子的，我刚上大学时也很迷茫，不知道接下来要干什么，家长只告诉我们要考上大学，却从来没有告诉过我们剩下的几十年要干什么。

当年你听爸妈说考上大学就能找到好工作，过上好生活，结果出了大学却发现自己买不起房、结不起婚。

知道自己想做什么，想达到什么样的目标，并且为之付出努力，这才是最重要的。

在这个过程中，暂时落后别人一圈没什么。要是因为觉得自己赶不上了就自暴自弃，那你才是真的失败。

别说你不到 20 岁，即使你 30 岁、40 岁、50 岁了，你都可以改变命运。只是越往后，成本会更高，困难会更大而已。

所以年轻时候所谓的"失败"恰恰是一件好事，因为你现在一无所有，也没什么可失去的。

2021 年，全国高考作文题里有这样一段素材，我觉得放在这里很合适：

1917 年 4 月，毛泽东在《新青年》发表《体育之研究》一文，其中论及"体育之效"时指出：人的身体会天天变化。目不明可以明，耳不聪可以聪。生而强者如果滥用其强，即使是至强者，最终也许会转为至弱；而弱者如果勤自锻炼，增益其所不能，久之也会变而为强。因此，"生而强者不必自喜也，生而弱者不必自悲也。吾生而弱乎，或者天之诱我以至于强，未可知也"。

是啊，拼尽全力，为了自己想要的东西奋斗吧，没有谁可以定义你和你的人生。

○ ●所有的节日不是为了礼物，
　 而是为了提醒大家别忘了爱与被爱

昨天晚上我策划了很久，该怎么拿到我老公的手机。

首先必须等到他先睡着。

这很难，主要是我睡眠质量特别好。每次他还没入睡，我就迫不及待先"昏迷"了，仿佛被打了一个闷棍一直躺到天亮。

其次我动手拿的时候，还不能惊醒他。

彦祖跟我不一样，他有个风吹草动就睁眼。他手机放在床头，我去拿必须要上半身越过他的身体；本人心理素质还贼差，他眼皮稍微动一下，都能瞬间摧毁我的心理防线。

所以睡前我掂量了半天，还是老老实实地对他说："你能不能把你的手机给我。"

彦祖："你自己拿吧。"

得到允许以后，我战战兢兢地拿过手机，像捏着一整个宇宙。

本想着等他睡着再说，结果我又先困了。仿佛被一种使命感召唤，我在凌晨 5 点突然惊醒。

借着窗外路灯的一点光亮，我小心翼翼地解锁了手机。

没错。

今天就是"520"了，我想给他抽个"天鹅之梦"。

为此我还专门咨询了他的朋友"天鹅之梦"是怎么抽的。

就是王者荣耀里面那个小乔皮肤。这皮肤不能赠送也不能买，只能用本人账号充钱，抽到荣耀水晶换。

我们几个朋友有个上分王者群。他在里面提了好几次，想攒积分抽个小乔。又舍不得钱，所以每次充 6 块钱碰运气。

我为啥想到送他皮肤？讲道理。其实我今年的"520"根本没有为他提前准备礼物，更别说过节了。（因为我忘了。）

直到昨晚，我收到了他神秘兮兮抱给我的一人高的包裹。

我拆开一看，是一个巨大的洋娃娃。

我疑惑地望向他，他看着我笑。

我瞬间想起四月底，我曾经怒不可遏地发过一条朋友圈。

为了兑换一个漂亮的娃娃，我拉着彦祖在家门口的电玩城打了一个月的游戏机。用 4000 奖券把它抱回家，结果拆开一看，娃娃是个秃头！

当时我还专程去找老板换。结果人家当着我们的面拆了两个娃娃，居然都比我手上的秃得还要厉害。

我只好悻悻地回家了。

我今天本来不打算更新的。

因为想着大家都去过节了估计没时间看。

但是在给彦祖抽皮肤的时候，我突然想写点什么。（真不是为了专程秀恩爱，虽然前面看上去很像在秀恩爱。）

我想说的是，我们在一起这么多年，其实过节的日子屈指可数。

恋爱的时候，我们都没什么钱，过节就是出去下个馆子，买廉价礼物。我还抱怨过没浪漫没惊喜。

结婚后，我们增加了个纪念日。奈何两人记性都不好（也不排除他是装的），总是过了几个月才恍然大悟地想起。

生日和情人节有红包和鲜花，但我觉得送鲜花不划算，而夫妻之间转账又没有意义。

毕竟都是共同财产了，他的钱都在我这。左手倒右手给别人看，就图个虚荣心，有意思吗？

所以结婚时间长了，真的会有种"睡在我上铺的兄弟"的感觉。

不知道你们能不能理解，那种路越来越平，常常会觉得无聊；大部分时间都没什么波澜，你也知道，往后的人生绝对没有任何意外的生活。

尤其在很多人有了孩子以后，似乎妻子丈夫的属性都越来越弱。总有个小朋友睡在你们中间，你们谈话的主题基本都围绕着孩子，撒娇和妈妈的形象不大匹配，就像黏糊跟爸爸的身份不搭调一样。所有人都期待你们成熟稳重，表现得像个真正的大人，一切跟精神需求有关的行为都被视为做作。

这时候你身边那位，还愿意去维护你内心的花园，真的是一件非常温暖的事。

他完全可以啥也不买，反正我也不会记得，就算记得，顶多抱怨 5 分钟也就过了。

多年夫妻，有几个人会真的为了"520"没礼物吵架？人生那么长，怎么吵得完？

娃娃其实不贵，只要 300 块。在朋友圈一堆几千块的转账记录面前，999 朵玫瑰显得过于朴实。

但比起价格，更重要的是我们还互相惦记，重要的是结了婚以后不会因为做了"孩子爹""孩子妈"就无视彼此精神上的需求，还美其名曰老夫老妻。

所以在今年二月十四那天，我为彦祖和小咕噜写了一段这样的话：

> 节日原本没有意义，是我们所爱的人给它赋予了意义；礼物原本没有意义，是彼此的真心给它赋予了意义；依偎原本没有意义，是相濡以沫给它赋予了意义。我也时常觉得自己乏善可陈，直到遇见你和他。有你们的每一天都是节日，每一分钟都是礼物。

我想，在每个节日，女生最在意的不是礼物，也不是大餐，而是笃信自己正被人惦念着，也同样惦念着别人，这才是节日存在的理由。

希望大家都能找到惦念自己的人。

# 第二章

爱得不够，才借口多多

## ○ ● 爱美是原罪吗?

01 /

说个故事。

我有个朋友,她大学时曾因为喜欢化妆,被整个寝室排挤。

她家境宽裕,从小爱美,中学时就开始用面膜,考上大学后攒了一堆化妆品,每天起床都涂涂抹抹,没事还会看美妆视频。

刚开始,室友看见她化妆,还好奇地来问这问那,时间长了不知道哪看不惯了,开始莫名其妙地在她背后嚼舌根子。

最开始传出来一些风言风语,说她整天打扮就是为了勾引男人,后来她们经常在公众场合大呼小叫:"你今天又化妆了呀!粉涂得可真厚!我就怕麻烦,连个眉毛都不化。"

潜台词就是,你化妆你虚伪,我素颜我真实。喜欢化妆本质上就是长得丑,见不得人,不然为啥每天都化妆?

我记得最清楚的一次是班级聚会,她对着镜子仔仔细细地画眼线，结果旁边有个室友阴阳怪气地说："每天涂脂抹粉的，有必要吗？谁会看你？"

我现在还记得朋友当时说的话——

"我不懂为什么她们对我有这么大的恶意。大家都在青春爱美的年纪，什么时候连化妆都成了一件感到羞耻的事？"

我知道，因为她嫉妒，因为她狭隘，因为她从小没有被灌输过"女人是可以美的"的想法。

因为她不敢也不愿意承认：她讨厌你，同时又想变成你。


02 /

我们这一代，18岁以下的女生是不可以有性别的。

从四五岁到小学毕业，我一直是灰头土脸的。大多数时候我剪着男式短发，因为容易打理。

初中时我还被我妈带着去超市买衣服。

我是没有选择买什么衣服的权利的——那些又宽又大的廉价T恤，不会凸显一点女生特质的牛仔裤，充斥着我的整个青春期。

印象最深的是初二那年，我在商场鼓起勇气，向我妈又哭又求地要了一条很好看的背带裙。第二天她让我穿着去上学，出门时我就后悔了。我敲门想回去换回平时穿的T恤，却被她大骂着赶了出来，无助到在家门口号啕大哭。

为什么？因为我害怕。

我怕别人的关注，我怕自己的改变，我怕被人笑丑人多作怪，我怕自己一直以来压抑着的爱美欲望被人看穿了。我从来都是假装不关注外表，所以在被逼上梁山时越发忐忑和自卑。

在成年之前，很多父母都把女生爱漂亮视为原罪。他们习惯性地压抑着女孩爱美的欲望，化妆就是出格，穿裙子就是不乖，换个发型都是想早恋。

有些父母甚至到孩子上中学了都不让女生打扮自己，上大学了也不让女生谈恋爱，毕业以后却要求她们马上结婚。

可一个从小没有性别意识，不懂发挥自己女性特质的女孩，该怎么去恋爱呢？她若喜欢一个人，又拿什么去吸引他呢？

在这样的教育下长大的女生，都根深蒂固地觉得爱美是一件应该感到羞耻的事。她们抵触化妆，抵触打扮，不懂怎么和男生交往，要花很长一段时间才能认同自己的女性身份。

买衣服的时候拿了衣服就走，不敢在镜子前试穿；衣柜里只有黑白灰三色，也不懂美白防晒；看见别人化妆变好看不是想着学习，而是攻击和诋毁。

我觉得很悲哀。

我们每个人，在路上看到一朵好看的花都会心生喜爱、怜惜，为什么让自己的外表变得更美好，吸引别人取悦自己，反倒成了一种罪过呢？

03 /

不管在什么年纪，爱美都没有错。

小时候偷穿母亲的高跟鞋，你看着镜子里的自己，好像有了点大人的模样。

长大点偷偷涂口红，通红的涂出唇线的嘴唇让你第一次触摸到了美的真谛。

开始学化妆了，慢慢有人夸你好看了，你昂首挺胸地走在街上，那是最自信也是最美好的你。

美丽从来都不是丢人的事情。

后来我也懂得了，大街上那些顾盼生辉、肤白纤细的女孩平时付出了多少努力。

剔透的肤色，需要严格的皮肤管理；完美的妆容，是经过无数次试错获得的；凹凸有致的身材，是忍受了多少美食的诱惑，在健身房里挥洒了多少汗水换来的。这些都是不管理自己外表的女生，根本想不到的东西。

感谢自己是个女孩，可以名正言顺地化妆打扮。追逐美的事物，是人的本能；追求更美好的自己，也是每个人的权利。

修炼内在和修炼外在一样重要，没有谁高谁低。

## ○●姑娘你那么刚，
### 是在 cosplay（角色扮演）钢铁侠吗？

前几天，我的邮箱里收到一封读者的来信。

经对方同意，我把邮件内容分享给大家。为帮助大家理解，以下都为第一人称。

铃铛，你好！我是个刚上大二的女生。最近有个问题让我很困惑——

上大学以后，寝室里的三个女孩很快都有了男朋友。

而我一直想脱单，却至今单身。

她们三个，都是我平时瞧不起的类型：

A 女，做作虚伪，平时大大咧咧的，一跟男朋友打电话就娇声娇气的，还喜欢装清纯装可爱，明明私下也会聊男女之间的那点事，在男朋友面前却是一副"人畜无害"的样子。

B 女，贪财拜金，男朋友逢年过节经常给她送各种礼物，她都照收不误。虽然她也会回礼，但是我爸妈从小教育我女生不能随便要男生的东西。她不觉得这样不合适吗？约会还经常让男生花钱。

C女，浓妆艳抹，各种化妆品天天往脸上招呼，还喜欢修图。我妈说了，只有长得丑的人才喜欢化妆。她卸了妆以后脸上确实有各种痘痘，她还修图，这不就是对别人的一种欺骗吗？这么喜欢取悦男生的女生，我是瞧不起的。

我就不太懂，为什么她们这样的偏偏能找到男朋友，还过得挺不错的。

而我独立自主，不爱花男生的钱，也不怎么化妆，打扮得干干净净的，却没有男孩子追。

是不是越是像我这种坚强独立的好女孩，越是找不到对象？

我看完沉默了几秒，"槽点"太多我一时竟然不知道从哪吐起，只好深吸一口气，问她要听假话还是真话。

她说没事，你说吧。

我噼里啪啦地打了一堆字：

假话，是你想得没错。她们都是撒娇卖萌花男人钱的，只有你清纯不做作。那些男生都看不到你的好。

实话呢，你坚强你独立，你是追求男女平等的新时代女性。但在他们眼里，你可能不像个女人，更像个哥们。

男生是不会跟哥们谈恋爱的。那些非要把自己活成男人，还非要逼着人家也活成男人的女人，真的很不可爱。

姐姐，你是个女孩啊。你就那么讨厌自己的性别吗？

你又不是要 cosplay 钢铁侠。这么刚，你不累吗？

你也别有多么看不起自己女孩的身份，因为女孩的优势实在太多了！

我摇铃铛小葵花课堂，今天就跟大家讲一讲女孩的优势有哪些。

### 1. 撒娇示弱

很多女生觉得，撒娇示弱很恶心，脏话横飞才叫真性情，甚至以此来说那些会在男朋友面前撒娇的姑娘：你怎么这么"作"？

我倒想问问你们：难道你们从小到大，即使在父母面前也没有撒过娇吗？你们怎么不反省一下自己呢？

遇到喜欢的人，会包容自己的人，就是会不自觉地撒娇啊。再刚的女人，在爱人面前都想被举高高被抱抱。这是真情流露，跟虚伪无关。

明明女孩的优势之一就是撒娇示弱。这一点男生还真做不了。

想想跟男朋友闹矛盾的时候，你像小狗一样无辜的眼睛扑闪扑闪的，再说句"对不起，我错了……你别再凶我了……"，对方是不是一肚子脾气全没了？

甚至在遇到难题时，想请朋友帮忙，说一句恳求的软话，比任何方式都有效——没人喜欢命令和强势，即使那个人是你妈。

能用撒娇解决的问题，为什么要硬邦邦地撒野呢？懂得运用女孩的武器，这也是高情商的一种表现。

### 2. 享受男性的照顾

如今很多女孩刻意追求"平权"，希望男生觉得自己独立自主不物质不拜金，所以次次买单，不让男生请客，坚持费用平摊，从不接受男生的礼物。

她们经常说的一句话是："200块钱的口红都要男生买？"

我反手就是一煤气罐。

后来有人甚至升级到不让男生搬重物，觉得这是在歧视女性，自己扛着饮用水罐健步如飞；自己修水管、修灯泡、修电脑，从不接受男生的示好和帮助，觉得接受男生的帮助是对自己坚强独立人设的一种侮辱。

这是好姑娘吗？确实好。但是往往遇到"鸡贼""伪平权"男人的，也是她们。

因为喜欢占便宜的男人，就喜欢你这种宣扬坚强独立、男女平等的女生。多好，约你出来吃饭你结账，哪里有这种傻姑娘再来一打吧。

于是你就仰天长啸了：为什么好男人身边都是别人，我偏偏遇到人渣啊？

我说单纯是因为运气你信吗？

其实付出和接受别人的付出，都是一种幸福。关系是流动的，不管是男女相处，还是朋友交往，讲究的都是礼尚往来。

我收你一个口红，送你一个打火机。你请我吃顿饭，我请你看电影。一味索取才叫"装"，你来我往是聪明。

为什么越来越多的女孩想恋爱却一直单身？你不给人家示好的机会，怎么增进感情？

### 3. 化妆打扮

不知道从什么时候开始，在某些女生的圈子里，素面朝天都有一种优越感了。好像化妆的女孩都很"装"，我素颜我不修边幅我真实，你化妆你精心打扮你虚伪。

简直是天大的误会好吗？如果可以的话，我真心希望每个姑娘都能学会化妆。

毕竟眼线笔能让你的眼睛变得有神，睫毛膏能让你的眼神更加生动，粉饼能让你的肤色变得均匀白嫩，高光阴影能让你整张脸变得十分立体。

也许这就是大街上帅哥比美女少的原因吧：女孩只要长得不太丑，五官端正，颜值多少能靠化妆提升三四分。而男生画个眼线，就被人吐槽。

还记得大学时，我认识的一个男生因为包里被人翻出 BB 霜，被嘲笑了好几年。其实他也只是为了盖住脸上的痘痘罢了。他又做错了什么？

当时我就意识到，化妆打扮是女生多大的性别优势啊！男生不能化妆，不能买裙子，不能穿高跟鞋。

这么美好的福利，为什么要放弃和受到攻击？

很多女孩活得太不像个女孩，却觉得这是一件值得骄傲的事。

她们从不掉泪、从不软弱、从不接受别人的帮助，甚至鄙视那些依赖男人的女人、爱撒娇的女人、打扮自己的女人、会利用性别优势的女人。

可是无论从生理上还是心理上，男女本就是不一样的。正视男女的不同，在履行女性义务的同时，享受自己的性别福利，并给予正面的反馈。为什么这是件坏事？

"独立"二字和像个女生一样地活着，并不冲突。

你可以自己赚钱买花戴，不代表你就要拒绝男生送的礼物。

你可以扛着桶装水一口气上到7楼，不代表求助于男生就是"装"。

非要男女之间万事平等，是矫枉过正；还要以此评价和定义他人，是愚蠢、狭隘。

女孩真的是非常美好的生物。即使自己也是个女人，我也很喜欢那些会撒娇、妆容精致、温柔可爱的姑娘。

感谢上天让我成为一个可爱的女人。我享受自己作为女人的一生。

活得像个女人，真的不丢人。

## ○●八年感情于昨晚死去，死于 10 万彩礼

她曾设想过一千种两个人分开的原因。

设想的剧本大多"狗血"又曲折离奇：他爱上别人，她不孕不育，或者父母不同意，两个人好不容易偷出户口本约好一起私奔，却在出发的渡口大吵一架，各自转身回家。

她却怎么也没想到，最终分手的理由会这么俗气：因为钱。

01 /

2018 年，是向南和男朋友在一起的第八年。

前面七年，两人相处得很好。他们读同一所大学，毕业后同居。男朋友宠她，她也懂事不"作"。两人几乎不争吵，性格、爱好各方面也都很契合。

在所有人包括向南看来，结婚都已经是尘埃落定的事情了。于是他们顺理成章地开始商量结婚事宜。

直到那天，双方父母第一次见面。

一开始气氛挺和谐的。酒足饭饱后，向南母亲直接进入正题：结婚可以，准备 10 万块彩礼。

为啥？

之前向南去男朋友家，他父母就旁敲侧击：自己家条件一般，买不起婚房，也办不起婚礼。

向南回去一转告，爸妈一合计，好，这些向南家里都可以包了，唯一的条件就是双方父母各拿出 10 万块钱，就当是小家庭的启动资金。

没想到，男朋友的父母一听反应激烈，像受了奇耻大辱：这个年代居然还有人要彩礼？嫁女儿还是卖女儿呢？

他们还用同事的儿子来举例：人家结婚女方一分没要，还陪嫁几百万的房车。真感情怎么能跟钱掺和到一起？

彼时，旁边向南的父母一直沉默，脸色铁青。

而向南坐在餐桌这边，看着对面喋喋不休到口水四溅的男朋友的母亲，像卖猪肉一样因为彩礼的问题跟她讨价还价，油然生出一种困惑和羞辱。

这几年对她无微不至的男朋友的母亲，说把她当自己女儿一样疼，不能委屈她的人，怎么瞬间变了一副嘴脸？

还有那个平时信誓旦旦，说愿意为她付出一切的男朋友，此刻一言不发，缩着脑袋，像只鹌鹑。

02 /

回去后，因为向南父母一直没松口，男朋友的妈妈开始"作"了。

她在家一哭二闹三上吊，总嚷嚷着活不下去了，说原以为向南家里人通情达理，没想到这么拜金。又不是家里缺这点钱，凭啥这么为难我们？

男朋友的父亲喝醉了酒，也在亲戚面前抱怨：这姑娘都和我儿子在一起好几年了，已经27岁的姑娘了，分手就不值钱了，还以为自己是个镶了金的公主！

向南是怎么知道这些话的呢？当然是通过男朋友的嘴。

乍一看觉得挺蠢的，后来向南才想明白：男朋友之所以传话，并不是因为他情商有多低，而是因为他能通过传达父母的恶劣言论来侧面施压，还能达到给自己免责的目的。

可当时的她并没有意识到这一层，只有满心的对他父母的怨恨和无能为力。能怎么办？她爱他呀。

是啊，她爱他，所以不管男朋友的父母多奇葩，为了结婚她也只能隐忍。

于是在向南的斡旋下，向南的父母一退再退，彩礼从10万变成5万，最后变成五金。男方父母还是嫌贵。

不过经过这一番谈判，男朋友的妈妈大概以为他们认了，再不降价，嫁不出去的女儿要砸在手里了。

于是男朋友的妈妈舰着脸大手一挥，要么两万，要么一分没有，不嫁拉倒。你家闺女都成老姑娘了，还以为能卖得多高的价！

这下捅了马蜂窝。向南眼前一阵黑，母亲气得说不出话，捂着心脏只喊疼；父亲大怒，怎么也不同意他们结婚了。双方父母推搡吵架，男朋友抓起桌上的水杯，丢在墙上砸了个稀碎。

回家后，向南把自己关起来哭了三天，滴水未进。

第四天，她心灰意冷，提出分手。

03 /

刚开始，男朋友一家并不相信向南真的会这么绝情。

毕竟就像男朋友的爸爸说的，都27岁了，不嫁我儿子还能嫁谁？

可是事实是，一周过去了，两周过去了，又一个月过去了……向南竟然真的再没有联系过他。

男朋友坐不住了，托朋友去打听。

向南居然开始在父母的安排下积极相亲了，还认识了一个年薪20多万的程序员，两人已经约会好几次了。

这下，男方一家人彻底傻眼了。

男朋友打开微信准备给她发消息，却发现自己已经被删除了，打电话，发现自己也被列入了黑名单。他开始埋怨父母绝情，拉着他俩慌慌张张地上门道歉。

可向南已经铁了心，躲在卧室里，闭门不见。

不管男朋友在门外怎么恳求，说给彩礼，买五金……她也不回头了。

以前喜欢你，才觉得你光芒万丈，这是基于感情的滤镜。现在分手了，你自己照照镜子，看看自己到底是个什么东西！

结局呢？

向南并没有嫁不出去。相反，她还很争气——不到一年的时间，就和那个相亲的程序员订了婚。

对方父母知书达理，主动提出婚前给 20 万彩礼。可向南父母拒绝了，还承诺到时候要给 10 万的陪嫁。

为什么呢？用向南父亲的话来说，钱不是最重要的，钱只是用来在关键时刻检验人品和态度的工具。

毕竟大家谈结婚都是奔着一辈子去的，都是独生子女，现在的社会谁结婚是真的为了大赚一笔呢？

至于向南的前男友，至今单身，相亲很多次都没成功。

毕竟人家一问，知道他家里没多少钱，他的父母都没工作，婚房也没有，就都打退堂鼓了，谁愿意结了婚跟你喝西北风啊？

到那时，男生才明白一件事：原以为前女友拜金势利，实际上她却是自己能遇到的结婚对象里条件最好、要求最低的。

可惜当时的他只看到自己要付出多少，却没看到向南牺牲了多少。

女生都是感性动物啊，因为爱你才不计较的。感情没了，一切就都没了。

问题是当他想明白了，一切也已经晚了。

错过就是错过，后悔无及。


上面的故事，是由我一读者的亲身经历改编的。

她已经怀孕三个月了。据说前男友前段时间还在微博上不停地发私信骚扰她，知道她怀孕了才消停。

她对我说——

"以前我也觉得彩礼是封建糟粕，父母婚前谈钱太物质。后来我才知道，他们只是为了帮我看清对方是否真的适合结婚，才愿意出头做这个恶人。

"婚前谈钱，其实是一个衡量标杆，不仅能筛选掉很大一部分只会靠嘴说，一涉及自身利益就翻脸的虚伪男，也能检验出很多根本没有诚意，只想着空手套白狼的抠门家庭。要警惕那些一提到钱就翻脸的男人，这种人又坏又自私。"

是啊，在聊到钱之前，什么都是不作准的。谈恋爱的时候大家都能展现出自己最好的一面，毕竟不接地的时候都可以风花雪月，真正涉及经济利益的时候才能看出彼此到底是个什么嘴脸。

和男朋友平时相处得再甜蜜，一遇到利益问题，立马就能检验出对方有多爱你；男方父母平日对你好，也不一定是因为喜欢你，不过是希望结婚时你能少点物质要求，最好能让他们家多占点便宜。

说起来，钱真是个好东西。只有在钱面前，每个人才会露出自己的本来面目。

一试便知。

**铃铛说**

//

婚姻面前，彩礼只是两个人要结婚时面临的现实问题中很小的一部分，还有买房问题、装修问题。

不要以为避开金钱问题就会幸福了，就没有矛盾能终成眷属了。事实是婚姻不是空中楼阁，总要接地的。生活早晚教会你这一课，直到你通过考试为止。

更别认为你的退让会得到对方的感激，实际情况是，很大一部分人，会把你的体谅当作他们的本事。

更有甚者，还因此默认你一辈子都该这样委屈巴巴地过。

因为他们会觉得，以前谈恋爱和结婚的时候你都那么简朴，也不爱钱，为什么现在这么物质？他们没有想过生活要钱，养孩子要钱，做任何事情都要钱，娶老婆不是让老婆跟着自己一起吃苦的。

他们只想着你怎么变了。

在目前的婚姻大环境下，我真的建议大家不要怀着圣母心找对象，结婚不是扶贫，心里没数的人也太多。

当然，如果对方真的是人品很好，那么条件差一点也没有关系，相爱的话大家一起奋斗，总会有好日子过的。

前提是，擦亮眼睛看清人。

## ○●千万不要只图男生对你好

01 /

这几天我回老家，听朋友说了一个真实的故事。

朋友有个同学，这个同学的老公有一周没回家了。

某天朋友的这个同学在外面吃饭，刚好看见丈夫搂着一个浓妆艳抹的女人从窗外路过。她赶紧追出去，质问丈夫这女人是谁。

丈夫还没说话，女人就示威似的回答："我是他女朋友。"

她又急又气，挥手就打了女人一耳光，嘴里骂着："你知道他有老婆孩子吗？你怎么这么不要脸！"说完她就开始撕扯女人的头发。

她声音高亢，女人尖叫声嘹亮，很快引来一堆路人围观。丈夫见丢人丢大了，拦了半天未果，抬起手抽了她两耳光，还狠狠地踹了她几脚！

动完手，丈夫搂着梨花带雨的情人走了。她跌坐在地，撕心裂肺地大哭。

我想她应该是难过又心寒吧：以为会跟自己过一辈子的人，为了第三者把自己给打了。

朋友知道以后，安慰她，说不值得为这种人伤心，擦干眼泪回去收拾东西准备离婚吧。女人泪眼蒙眬，神情恍惚："他以前不是这样的，以前他对我很好的……虽然穷，可我不在乎。我赚钱养他，只要他对我好就行。当初因为他一点存款都没有，我跟家里闹翻了我们才结的婚。他现在怎么能这么对我？他肯定是被那个女人灌迷魂汤了！"

我在旁边听着，打了个寒战。

因为对你好，你就不顾周围人的反对和他结婚。

可是他对你好，难道就不会对别人好吗？

那会儿对你好，他就会一辈子都对你好吗？

要知道这些好都是他赐给你的，而不是你拥有的。

他不爱你了，随时都能把对你的好收回去。

而你那时候一定会崩溃，因为那个世界上曾经对自己最好的人，转眼就属于别人了。

人这辈子，变数最大的不是"我爱你"，而是"对你好"三个字。

02 /

很久以前，我在网上看过一个帖子。

女生 27 岁，曾经历过一段失败的初恋，分手后消沉了大半年才遇到现在的男朋友。

两人在一起 5 年，男生对她一直很好，善解人意，无微不至，甚至经常会亲手给她洗脚，可以说是把她当女儿宠了，唯一的缺点是两人相处的时候男生有点抠门。

可女生觉得钱不重要，重要的是他对自己好。自己年纪也不小了，错过一个对自己这么好的男生，以后可能就再也遇不到了。于是两个人商量着打算结婚。

没想到，他们却遭到了女方父母的反对。

原因是男方表示，自己家庭条件不太好，没钱买房，现阶段也根本没能力办婚礼，如果要结婚，婚礼只能由女方家里包办。

女生很爱他，说什么也要和他在一起。奈何她的父母都很强势，折腾了很久两人还是分开了。

女生很伤心，为什么父母这么舍不得钱？这么庸俗势利？

男生也很气愤，这么现实的家庭！都说莫欺少年穷，他们凭什么看不起我？

我看完后一脸蒙，女生蠢也就算了，至于男生，明明是你自己"鸡贼"，怎么还骂起她家里人了？

如果你真的爱一个姑娘，对她好，想要跟她结婚，给她一辈子的承诺，那你们在一起这几年，你没想过将来会结婚，自己要买房，也攒不下一分钱？

03 /

所以我发现，大部分女生可能对"对你好"有点误解。

姑娘们都觉得，追求阶段在楼下等几个小时，平时陪你看个电影逛逛街，对你无微不至、百依百顺的，你就是捡到宝了。

要是他冬天还会给你焐脚，夏天给你扇扇子，半夜跑出去买夜宵，精心给你准备礼物，他简直就是绝世好男人了。

可是真正的对你好，绝对不是也不只是这些。真正的对你好不只是眼前的开心，还有将来的幸福。

对你好，绝不是把你当大爷，而是用平等的态度，去尊重你、爱护你，因为这样的感情才会平衡而长久；

对你好，是用看得更远的双眼，去构建你们的未来，上进、奋斗，不会心安理得地让你跟他裸婚。

他知道结婚不是两个人领张证那么简单。他知道父母都会担心女儿受苦，会摆出让你父母安心的条件：有容身之处，有养活孩子的经济基础，而不是一味地骂他们拜金势利。

04 /

所以姑娘，千万不要只图男生对你的好。

也许你觉得自己陪在一无所有的他身边是因为真爱，但事实也许并不是这样。

知乎用户"紫宝"说过一段话：

"那天我和女儿去饺子馆吃饭，饺子馆的茶水一直都是免费的，这是大家都知道的。我们的邻桌，服务员问他喝什么，他答'茶水'。

因为当天饭店有活动，豆浆和果汁也是免费的，服务员告诉他之后，他立刻就换了豆浆。"

他在意茶水吗？他在意的只是免费。

在爱情中，不要做别人的茶水，在被自己的爱情感动之前，先看看对方究竟爱得是茶水还是免费。

## ○ ● 每次理发都是在赌博，而我从来没赢过

如果这个世界上有时光机的话，我愿意用半年寿命，交换时间倒流到昨晚 9 点钟之前。

当时，我想像往常一样，云淡风轻地路过家楼下那家理发店，什么托尼、凯文，都和我无缘。

想到这里，我又一次攥紧了我手里的大砍刀。仇恨蒙蔽了我的心智，我想你将永远被写在我死亡笔记的第一页——11 号。

其实，直到昨晚 8 点半为止，我都高高兴兴的。民族风连衣裙，搭配上精致的妆容，我就是整个长沙最亮眼的时尚女孩。晚饭是朋友请的烤肉，我们酒足饭饱出来，站在门口我突然决定去我们家楼下的理发店剪头发。

多年以后，我才知道那是影响了我命运的一个错误决定。

因为我抛弃了每次为我服务的 2 号技术总监，选择了嘴上无毛办事不牢的 11 号。

过了一天我再回想起当时的心境，不得不承认，当时我的第一想法是省钱，毕竟11号的价格只是技术总监的一半，而我是朋友圈里出了名的"抠抠 girl（女孩）"。

第二个原因是我进店时，正给客人剪头的11号"邪魅狂狷"地对我笑了一下。那个笑容似乎预示着我会是他的下一个顾客。

所以我被他迷惑了！

闲话不表。洗完头包着毛巾出来的我，径直在11号老师的身前落座。镜子的对面，是我的"曾经沧海难为水"的2号总监。我低着头，极为心虚地躲避着他灼热探寻的目光，因为我无力解释我的绝情和移情别恋。

我只是极力平复着我的心情，压低声音对11号说了一句："帮我修一下，发尾剪齐就行了，不要太短。"

11号点点头，表示了然于心。

我放心地靠在椅背上，接着11号吹头，行剪。一顿操作猛如虎，11号看起来相当认真、专业。我也在心里暗自得意，又省掉几十块钱。

可好景不长，约三分钟后，我发现事情有点不对——我的头渐渐显露出一颗包菜的形状。

怎么形容呢？那大概是1998年最流行的发型。刘海短到眉毛以上，衬得我的智商看上去都低了一大截。

我有点焦躁，但顾及自己是有身份有地位的人，还是强压住心中的不快，瓮声瓮气地说了一句："这发尾内扣，不是齐的吧？"

11号笑眯眯地说："这哪里不是齐的？挺齐的啊。"

那瞬间我几乎被他真诚的表情打动了。但是我毕竟是30岁的成熟女人，不会再像十几岁的小姑娘一样，轻信男人的谎言和把戏。

我看了看镜子里的我，还是决定相信自己的眼睛："这明明不是齐的。"

听到这句话，11号的脸抽搐了一下，他安抚我："没事没事，我还得修。"

我点点头，做下了这辈子最让我后悔的决定。

让他修吧。

二十分钟以后，我渐渐地坐不住了。我亲眼见证我的头发从及肩到下巴再到耳下三厘米。他跟全世界所有的理发师一样，剪了左边发现右边长了，剪了右边又发现左边长了。

看着镜子里的我越来越像大风车里的金龟子，这个时候即使我再傻也看出来他剪砸了吧！此刻我的风度、我的身份、我的地位都被抛到九霄云外了，我带着哭腔说："好丑。"

这时候我听到对面2号总监那边传来扑哧一声笑。

我想他是高兴的吧：让你不翻我的牌子，头发剪毁了吧！难过、愤怒夹杂着羞愧，情绪一股脑地涌上来，我的眼泪在眼睛里打转。

那个不要命的11号却还在垂死挣扎，试图给我洗脑："挺好看的呀！还不错！你怎么了？看起来好像不太高兴的样子。"

我为什么看起来不太高兴你心里没有点数吗？

他继续挣扎："我觉得可以！时尚！今年最流行！"

与此同时，我的脸色就跟彩虹一样，赤橙黄绿青蓝紫不断变换。

他越说越心虚，看我似乎马上就要炸成天边的一朵烟花了，赶紧说一句"剪完了"就慌不择路地溜掉了。

我早已不知道我是怎么结的账，也不知道我是怎么回的家。我深一脚浅一脚地进屋，看到镜子的那一刹那才仿佛从睡梦中醒了过来。我摸着自己光秃秃的后脖颈，心里的委屈像煮开的粥一样沸腾了。我终于抑制不住内心的悲愤，号啕大哭。

11 号，你这个浑蛋！你不是人！！我要跟你同归于尽！

朋友们，今天我是省下了几十块，可你们知道吗？我失去的却是整个人生！

有时候我真的觉得，这个世界对女孩充满了恶意。

比如我只想安安静静地剪个头，却遇到了这样的困境和陷阱。

发型对女孩有多重要，我家楼下的 11 号一定不知道。对我这种秃头高发际线的女孩来说，一个美丽的发型就是我的命，就是我赖以生存的安全感，是无数个起风的日子里，我策马奔腾浪迹江湖的防身利器。

而这一切，都被那个心狠手辣的 11 号给毁了！

他根本没意识到他做了什么，在他看来他只是剪了个头发而已。可这改变了一个原本乐观开朗的女孩的命运轨迹。

一个女孩摇铃铛，在镜子前面失去了梦想。

所以，我从这段惨痛的经历中得到了什么样的经验教训呢？

第一，千万不要过于相信男人，特别是理发店里的男人。他们自以为是，从来不懂什么叫"修一下"。

他们的毕生宗旨就是把你的头发剪得最短、染得最土、烫得最老，打得最薄。

就拿 11 号来说，他的危害有多大？如果按一天剪 10 个头发来算的话，他一年要糟蹋掉至少 2000 个美丽的少女。朋友们，多少个日日夜夜，这些少女就在痛苦中煎熬你知道吗？

第二，也千万不要盲目地想着省钱。很多男生都不懂为什么女孩的消费水平这么高，口红这么贵，衣服这么多，剪个头发就要100块。因为精致女人大多是钱堆起来的。当你的全身都散发着人民币的味道，你就是人群中最闪亮的大白鹅；而当你凡事只想着节俭持家时，你就是在泥泞里打滚的丑小鸭。

所以在我选择 11 号抛弃 2 号的那一刻，命运的齿轮就已停转，我不再是当初那个人见人爱的精致女孩了。而且盲目节省的下场就是花了更多的钱，我选择 11 号虽然省下了几十块，却要付出几百块的代价。

比如我今天早上就红着眼睛在淘宝上搜索如下关键词："假发""逼真"。

第三，对敌人仁慈，就是对自己残忍。

昨晚我因为一时心软，并没有过度苛责 11 号，而是老老实实地交了钱，还因为账户余额不足充了 200 块。回到家我越想越生气：这样的技术凭什么让我充 200 块？

因为这颗短到像秃了的包菜头，我哭了一整晚，差点就跟三体人一样脱水了。一晚上仇恨都充斥着我的胸腔，我甚至趁夜深人静坐电梯跑到了顶楼，在天台上不断地徘徊。

我看着下面的万家灯火默默流泪，觉得人生已经没什么让我留恋的地方了，可生命又如花般绚烂，我还没有吃够火锅、麻辣烫、牛肉串、羊腰子……

　　我不知道我还要经历多少个辗转难眠的夜晚，和多少个照镜子时濒临崩溃的早晨。

　　这一切都源于我的抠门、我的轻信、我的贪婪和我的无知。

　　为什么女人死也不能省钱？因为一分钱一分货。生命不只要有长度，也要有宽度。为了我们的心理健康，我们一定要精致地过完这一生。

　　其实我挺难过的。

　　每一次理发都是一次赌博，而我从来没赢过。

## ○ ● 我那个很爱面子的朋友，去做了微商

"每当你觉得想要批评什么人的时候，你要记住，并不是所有人都有你所拥有的优势。"

——《了不起的盖茨比》

01 /

说个比较让我震惊的事。

我认识的一个朋友，今年居然开始在微信里卖冰糖橙了。

我为啥震惊？

在我的印象里，她是个非常爱面子的女生。她怕被别人看不起，更不喜欢麻烦别人。

一起出去吃饭，人再多她都抢着买单；朋友送她礼物，她一定会添点钱送一份更贵的回去；工作上遇到难题了，她宁愿一晚上不睡觉去研究也不愿意求助于别人。

夸张点说，哪怕是上厕所没带纸，她都有可能在里面蹲晕过去；跟别人掰腕子，她宁愿将手腕掰断也要赢。

就是这样一个女生，居然做起了靠人脉挣钱的微商。连续发了几天广告后，她私聊发给我一段很长的冰糖橙文案，求我帮忙转发朋友圈。

最后她小心翼翼地补了一句：如果不方便的话，可以不用回复，没关系的。

看到这里，我都能想象她在屏幕对面把这段话打了又删，删了又打，重复了好多遍的场景。

觉得尴尬、丢脸，麻烦别人这件事让她坐立难安。

好不容易才鼓起勇气，在对话框点击发送后，她又开始新一轮的提心吊胆。

为什么这么要强，脸皮这么薄的姑娘会去做微商？毕竟没几个微商不是需要豁出脸面去赚钱的。

后来我听别人说，她家公公在外面赌博，欠了几十万，还借了几万块钱的网贷。她老公提出离婚，要拿家里房子分割一半的钱去给爸爸还债。当时的她还大着肚子，厚着脸皮到处借钱，好不容易才把这个家稳下来。

这样糟糕的经济状况，还比以前多了个孩子，就别说什么这样挣钱丢不丢人了。

穷过就会懂，脸值几个钱？

02 /

为什么想起这件事？因为前几天，我刚好在网上看见一个帖子。

《为什么有些女人生完孩子就会变成微商？》

博主大概是这么说的——

"我有好几个女同学同事生娃，朋友圈画风一转都变成了微商或者淘宝联盟那种推广。我不懂，她们怎么都变成微商了呢？"

是啊，怎么都变成微商了呢？

就像上面我那个要强的朋友，她现在也在微信里卖东西，还要我帮忙转发。

我当然也能理解，在我生孩子之前，我对这一行也是隐隐有一些反感的。从内心深处，我可能觉得他们就是在骗亲戚朋友钱、消耗人脉。

就像我在生孩子之前，对全职主妇的态度一样。我不明白，她们为什么不去工作？明明去赚钱比在家带娃有更多的经济效益，也能得到丈夫尊重。为什么她们选择在家带孩子？

当我自己也做了妈妈，我才知道我以前的想法有多单纯多可笑。

03 /

为什么有些女人生完孩子就会变成微商？

因为比起面子，她们更需要钱。

或者说比起面子，她们更想要向丈夫、向公婆、向所有人证明自己还有为这个家做出贡献的能力。

这个社会对女人的期待太高了。你既要当个好妻子，也要当个好母亲，还得做一名"独立女性"。

没错。即使围着孩子连轴转，你也得赚钱，要有自己的事业。否则时间久了，老公觉得你是靠他在养，公婆会认为你是吃干饭的。

你说："那我丢下孩子去工作！"

呵呵，先别说有没有人帮忙带了，所有育儿专家都在敲打你："宝宝一定要妈妈亲自带""孩子三岁前离不开母亲"。在这样的舆论环境下，你忍心吗？你放心吗？

孩子太烧钱了，奶粉、纸尿裤、玩具……每个阶段有每个阶段的新烧钱项目，不然大家怎么都把宝宝叫"四脚吞金兽"呢？

你让女人怎么办？她们还能怎么办呢？

是的，我知道，赚钱不止这一条路。

那你告诉我，对于很多妈妈来说，能在家干的、不需要学历也没什么门槛的、可以利用带娃的碎片时间的、有一台手机就能做的兼职还有什么？

04 /

我并不是要给部分微商"洗白"。

那种卖高价三无产品、没有诚信、靠到处骗亲朋好友为生的微商我也很反感。靠诈骗和收割智商税做的生意，即使他们现在赚钱也难做得长久。

但是还有一些妈妈，只是在微信里做做小生意罢了。

发发小广告，买卖自由，就像以前上街摆摊。

不同的是如今媒介变成了手机，卖货场所成了微信朋友圈。

她们顶多也就刷刷屏，你不看就屏蔽好了。

所以为什么有些女人生完孩子就会变成微商？

因为这个世界上并不是只有无忧无虑、根本不用考虑钱的妈妈。

有些妈妈存款一堆，娘家给力，丈夫疼爱，每天顶多就是带带娃，甚至可能带娃也不用自己来。

还有很多妈妈，她们可能远嫁，父母相隔万里，经济上也没人撑腰。

她们可能信息闭塞，圈子狭窄，接触不到更好的赚钱渠道。

她们可能就自己一个人带孩子，想着在娃睡着的间隙能做点简单兼职，能赚一分是一分。

她们可能没办法重返职场，又不想仰人鼻息度日，更不想给孩子买个玩具，都要委屈巴巴地跟丈夫讨钱花。

她们根本没时间考虑什么丢不丢人。

如果不是人生艰难，谁不想做条体面的"咸鱼"啊？

○● "在一起 7 年，男朋友娶了领导的女儿。"

01 /

我朋友圈里，公认最有可能结婚的一对情侣，最近分手了。

女生直到分手都很蒙，不知道自己为什么会被甩。毕竟在一起几年，男朋友几乎没挑过她任何毛病，还对她千依百顺的，吃饭时给她剥虾，喝汤时会帮她把汤吹凉，对她的小任性也一直无限包容。

所有人都说，男生很爱她。她也曾这么觉得。

直到今年，眼看着同龄人都接二连三地结婚了，她的心也蠢蠢欲动。她和男朋友提了几次，都被他敷衍过去了。他说现阶段条件不成熟，还没想过结婚这事。

女生恃宠而骄，想着要以退为进，于是半是撒娇半是威胁地说，如果再不结婚估计两人就要分手了。

结果男生是怎么回答的？

他态度很干脆地说："行啊，那就分手吧！"

一开始姑娘还以为他在开玩笑，在一起这么久了，怎么会说分手就分手呢？可当他把东西搬出去以后她才真的傻眼了。男生绝情起来有多可怕呢？电话不接，短信不回，道歉求饶也像石子入水，激不起半点波澜。

过了天昏地暗的一星期，形容憔悴的姑娘丢下尊严跑到他公司楼下求复合，却看到他和一个女生有说有笑地并肩走出来。

那个女生是他上司的女儿。

"回家以后我疯了，我登了他所有的社交账号，才知道分手的第三天，他就向领导的女儿表露了好感，还告诉他哥们，只有那个女生才能给他带来工作上的帮助，而他和我，只是谈谈恋爱。他说他从来没想过要和我结婚。"

世界上最残忍的事情是什么？

世界上最残忍的事情莫过于你和他在一起几年，一直以为他会是你携手一生的人：你幻想过以后会跟他手牵手踏上红毯，幻想过你们会有一间很大的房子，幻想过你们的孩子赤着脚跑来跑去，幻想过你们白发苍苍了还颤巍巍地搀扶着彼此走完余生。可到最后分手的时候你才明白，原来他对未来的规划里，从始至终都没有你。

因为你投胎没别人厉害，你名下没有三套房，你对他的工作毫无帮助，也不能让他平步青云。

他觉得你配不上他。

因为你家不够有钱。

02 /

有些人会嚷嚷着如今的女人拜金势利，要房要车，没钱不嫁。好像女人更现实，已经成了真理。

可是这些喊口号的人根本不知道，男人现实起来能有多现实，女人感性起来会有多感性。

我身边不止一个姑娘曾给未来的对象制定了无数标准：要身高一米八，家里有两套房，要研究生以上学历。她们也不是没有这样的人追，可她们最终选择的却还是那个一穷二白，家里连首付都凑不出来的男生。

为什么？因为喜欢。

她们中有的当了半辈子娇生惯养的乖乖女，却为了一个男生甘愿和父母反目；有的一次次被伤害，却还是痛苦地选择了原谅对方甚至是结婚；还有的，为了爱情宁愿被人说成是倒贴——婚房是女方家里买的，车子也是女方家里提供的，生了孩子连尿片的费用都平摊，甚至另一半的工作都是岳父安排的。

女人现实吗？我承认挺现实的，不爱的时候女人比谁都现实。房子要 120 平方米以上的，车子不能低于 30 万，男方头不能秃，腿不能短，甚至连吃饭的姿态都有要求。她们对另一半的繁杂要求，简直能写出绕地球 10 圈的 Excel 表来。

可是女人一旦陷入爱里了，就变得尤其感性。以后有多苦看不见，另一半人品有多烂也看不见。脑袋长在脖子上就是用来显高的，分分钟让你看见智商的下限。

唉！

03 /

在感情这件事上，男人和女人有什么样的区别？

很多女人的现实都在嘴上，而许多男人的现实都在心里。

他们以为结婚和恋爱不一样，恋爱时女生多任性多骄纵家庭关系多复杂都没关系，十指不沾阳春水也行。可结婚就不同了，女方要会做家务，长得要好看，还能挣钱，最好家里还能给自己一点事业上的帮助。

这些他们会告诉你吗？不会。他们只会在心里暗暗地打好算盘，借用你这几年的青春，然后遗憾地告诉你，他暂时没有打算结婚。

大家总说女人拜金、现实。其实在我看来，大部分女孩真正喜欢一个人的时候，是既瞎又聋的。即使对方穷得叮当响，只要对自己好，她都能陪着对方熬苦日子；即使对方缺点一堆，她也大多可以容忍。

要求一降再降，底线一退再退。她顶多嘴上挑三拣四，却从未想过分手。

但一些男生呢？他们再喜欢一个女孩，心里也是门儿清，知道彼此不会有未来，所以即使有不满忍忍就好了，拖着也没关系，反正自己也没有更合适的对象。

"反正我跟她将来也不会结婚。"

所以有些女人是真的傻啊，就那么赤裸裸地把所有现实条件都摆上台面，然后被人抓了小辫子，钉在现实、势利的耻辱柱上。

不过是不想大着肚子被房东赶出出租屋，不过是想要个能接孩子放学的车，即使一起付首付一起还贷也好，却活生生地被人解读成拜金。

你说，你蠢不蠢？

04 /

所以，为什么到了结婚的年纪，你的男朋友却还不想结婚？

除了一些是真的想奋斗，给你更好的未来，其他的仅仅是不想跟你结婚罢了，因为他觉得你配不上他。

为什么明明是你为了他这里省那里省的，偶尔要他给你买个礼物，请你吃个饭，他都会说你拜金？

因为他们要用指责你拜金来掩盖他们的势利。他们不愿意付出，是因为你长得不好看家里不够有钱，不值得他投入。

为什么有些男生动不动就说，还是学生时代的感情纯粹，走上社会以后女人就越来越现实了？

因为学生时代的女孩都天真又感性，一碗麻辣烫就能打发。他们就希望所有的女生都不在乎物质只在乎感情，这样才更容易被他们控制。

这就是铃铛想告诉姑娘们的事：在爱情里，一般男人比女人更现实。

女人会在爱情中失去智商，但男人不会，他们永远保持理性。

所以你可以爱一个人，却不能完全依赖和无条件信任一个人，不要蒙着眼睛一路走下去，最忌讳的是失去自己——因为任何关系都不是完全可靠的，只有"我"才是永恒的。

睁大眼睛看看，你所选择的这个男生，真的可以和你共度一生吗？

你可以什么都不要，但前提是他值得。

## ○●想毁掉一个男人，就把他变成丈夫

"真的要离婚吗？"

"是的。"

"以后也不会后悔吗？"

"不后悔。"

小米曾经设想过一万次婚姻破裂的场景，却从来没想过自己会像此刻一样平静。

没有"洒狗血"的情节，没有哭哭啼啼的画面，只有冷静，像普普通通买东西结账一样的冷静。

轮到他们的时候，丈夫用乞求的眼神看了她一眼。小米迎着他的目光没有丝毫的躲闪。如果这时候有观众，她看起来一定残忍得像个局外人。

只是在那一瞬间，她觉得自己越来越轻，像树叶飘过波澜不惊的湖面，不被察觉地抚摸了一下湖心。

胸腔里面訇然作响。

小米清晰地听到，那是什么东西被碾碎的声音。

01 /

丈夫是小米的初恋。

其实在他之前，小米也谈过几个男朋友，但是她一直固执地认为他是她的第一个男朋友。

"不是说真正爱过才叫恋爱吗？虽然这听起来有点愚蠢。"

每次小米这么对他严正声明时，他总会摸摸她的头，咧起嘴角说："你也是我的第一只小狗。"

"是的，他总叫我小狗。他以为这是对我的爱称。但他不知道，我确实是条狗。"

初一那年，小米爸爸出轨了，坚决向小米妈妈提了离婚。从妈妈拉着小米一起给他下跪，让他不要抛弃她们的那一刻开始，小米就一直活得像一条摇尾乞怜的狗。

小米内心从不相信婚姻。

所以在决定嫁给他之前，小米经历了很长一段时间的挣扎。她在犹豫。

"把这个男人毁掉，让他变成丈夫，值得吗？

"他原本可以去爱很多人。我们都有更多的选择。但从今以后他只能爱我，起码在明面上只能爱我。如果不一辈子捆在一起，他也许能在我的记忆中保留浪漫多情和有趣的样子。但今后他会变得肥胖而庸俗，我们被迫分享彼此最真实、丑陋的那一面。

"我们将看见对方上厕所不拉门的样子，睡觉打呼姿势七仰八叉的样子，鼻毛从鼻孔露出来的样子，大腹便便失去所有荷尔蒙的样子，为了挣钱变得庸俗的样子，频繁争吵却为了孩子而无法离婚时面目狰狞的样子。"

小米打了一个寒战，这些事想起来就很残酷。

但是她可以接受分手吗？她不能。

占有欲告诉她，防止失去的唯一办法就是囚禁。

婚姻只是一种"软禁"的手段而已。

好不容易找到人收留，她不想再做那个雨夜里被淋得湿透，追着抛弃自己的主人的车尾灯狂奔的流浪狗。

02 /

抛物线走到最高点，也不知道自己下一秒会往下掉。

结婚以后，小米和丈夫大概过了五六年美好的日子。

她很享受他们只看着彼此的时光。

每天早上一醒来，他的呼吸热热地喷在小米的脸上，小米睁开眼就能和他对视。

他们一起去很多很多的地方旅行，拍下能贴满家里所有空白位置的照片。

小米试图变成一个真正的妻子，但由于理论总是大于实践，导致她多次把锅烧煳。

他们很多次聊天聊到深夜，中间险些睡着好多次，但还是强撑着直到窗外泛起鱼肚白。

印象最深刻的是 2016 年的时候，她和丈夫去爬山，突然吵得很凶。路过一个小山坡时，小米撂狠话，你肯定一点也不爱我，不然你为什么永远不肯先低头。

他气疯了，说我不爱你为什么跟你结婚。

"那你证明给我看啊，从这里跳下去。"

他想都没想立刻纵身一跃。

小米吓疯了，连滚带爬地扑下去，他抱着腿在那打滚。

骨头白森森地从皮肉里截出一截，尖锐得像他表达爱的态度。

救护车来了，医生抬出一个担架。他躺在上面，满头大汗地给小米比了个"V"。

小米看着他又哭又笑："你怎么这么傻？"

他挤了个比哭都难看的笑容。

"我也没办法，你总不能冤枉人啊！"


03 /

很多时候，我们也不知道事情是从什么时候开始变化的。

比如，是不是什么感情都逃不过 10 年魔咒？

在他父母一波紧过一波的电话催生下，小米怀孕了。

怀孕期间他对小米很好。

她满心欢喜地以为那是他们新生活的开始，却没想到那是某种倒计时。

生下宝宝以后，公婆非要过来帮忙。小米妈来看了看，住不下，就走了。从没有跟公婆相处过的焦虑，彻夜照顾孩子的辛苦和产后激素的影响让小米的脾气变得很古怪，她很没有安全感。

他们开始频繁地争吵。

大概为了躲避压抑的环境，丈夫一直加班，回家的时间越来越晚，拥抱越来越敷衍直到没有。两个人10天半个月说不上两句话，他宁愿躲在房里玩电脑也不看小米一眼，更不可能帮忙带孩子。

已经不记得上次一起出门是什么时候的事了，两人迫不得已的交流只有水电费又欠缴了，牙膏用没了，今天的菜咸了。

枕边的温度也消失了，他总是赶在她醒来之前出门。

不知道他是真的忙碌还是刻意地避开。

小米冷漠地看着这一切，就像看着他发动了车，把一条脏兮兮的毛毯扔到后座，然后引诱车后的小狗坐上来，再把小狗和毛毯一起丢到几万米外的荒野。

"我知道，我就是那条小狗，那条什么都明白还是坐上了车的小狗。"

04 /

离婚不需要挑日子。

那就是一个普普通通的早晨，小米出差了一周之后回家的早晨。

她像往常一样睁眼，摸了摸旁边被子上的余温，给丈夫发了短信。

"我要离婚。"

"你又发什么疯？"

"我不想跟你过了。我是说真的。我不想一眼就能看见自己的未来，连正常的情感需求都被看成是矫情，不被理解，不被接纳，没有沟通，这么窒息的婚姻我不想要。"

"窒息？有房有车，有钱有闲，什么都有，你还有什么不满意的？平白无故找架吵？"

小米苦笑了一下。

"是啊，我找架吵。你没有发现最近我们连架都没机会吵了吗？

"你总说我有什么不满意的，过日子需要那么奢侈吗？在你眼中，是不是我想要过得更好，就是不自量力？

"我忍了很久了。我真的想告诉你，哪怕下半辈子都是一个人，哪怕全世界所有的婚姻走到最后都枯燥得大同小异，我也无法忍受没有爱和温情的人生。所以我要离婚，现在就离，马上就离。你跟领导请假，我一秒也等不了了。我不是在跟你开玩笑。"

她顿了顿："你知道我从不开玩笑。"

放下手机，小米发了阵呆。

"其实我是真的想过跟他过一辈子的。我幻想过，自己会成为一个年轻时太爱吃所以老了继承了三层肚子的奶奶，他会成为一个脾气很坏但走路的时候还是会牵着我的手的老头。因为他怕我骨质疏松一不小心把腿摔断了。

"我们一起在家门口坐着摇椅晒太阳，回忆他年轻的时候有多傻，居然为了证明他爱我而从山坡上跳下去，结果摔断了腿。

"但是我忽略了，人是会变的。以前，对他来说我比全世界重要，现在，全世界属于优先级。为什么我要这么苛刻呢？我到底在要求什么？衣食无忧的婚姻难道还不够吗？他是大家公认的好丈夫，只是我们无话可说罢了。他就真的那么不可被原谅吗？"

是的，她就是这么想的。

要是没吃过松软可口的面包，她也能一辈子啃又冷又硬的馒头。

小米把这样一段长长的话发给闺密，算是给了这段婚姻一个官方的注脚。

接着小米把那根足足有一米长的棕色鬈发从床上小心翼翼地拈起来，凝视了一下，扔进了垃圾桶。

最后她拿起梳子，对着镜子慢慢地梳起她的红色短发。

她要做先发动车的主人。

她再也不想做那条等在原地，时刻担心被抛弃的小狗了。

## ○●恨嫁，可能是因为穷

最先感知到三十岁的，也许不是我们的身体，也不是精神，而是物质。比起情感上的不安，物质上的困顿才时时刻刻勒着你的脖子。没有二十岁的肆意洒脱，没有四十岁的云淡风轻，三十，想要的是更好的生活。

人人都想要更好的生活。但只有先把一个人的日子过明白了，才知道自己需要怎样的另一个人。

——《三十而已》

01 /

"我要结婚。"

这个念头，是向南过了 30 岁生日以后，突然冒出来的。

20 多岁的时候，她想都没想过结婚这回事。

那时候周围几个朋友都谈婚论嫁了。她嗤之以鼻地看着她们，心想她们真傻。

这么早结婚？单身哪里不好了？明明单身的人比已婚的人活得更轻松，也更自由。

想怎么吃喝玩乐，都没人管。想跟谁暧昧就跟谁暧昧，不用照顾任何人的感受。没存款也没关系，月光族也只用为自己负责。

直到向南满 30 岁的那个晚上，她打电话给两个闺密，想让她们陪自己切个蛋糕。结果一个闺密说自己在跟老公约会，另一个闺密说自己在带孩子睡觉。

向南挂断了电话，打开蛋糕包装，用手抓了一块蛋糕吃掉，心里突然跟打鼓一样十分恐慌，觉得自己好像处在被全世界抛弃的前夕。

是的，30 岁是个坎儿。

很多女孩在 30 岁之前，人生清单的选项里大概率没有结婚这一条，一过 30 岁，焦虑感就深深地扼住了她们的咽喉。

那天以后，也不知道被刺激到了哪根筋，向南开始积极地相亲，可惜过程并不顺利。

同事、朋友介绍的相亲对象，有的明里暗里地嫌弃她工资太低，有的嫌弃她是农村户口，有的回去跟介绍人抱怨，说她吃完饭坐在那等着结账，感觉不是很体贴。

其实向南也犹豫过要不要抢着买单，但一想到如果每见一个人都要充大款，那自己在找到男朋友之前就饿死了，也就没有逞强了。

那天她和朋友煲电话粥，说着说着就抱怨起来："现在的男人这么现实吗？上来就谈经济条件，难道是想吃我的软饭？我会不会以后都没法脱单了？"

朋友没有正面回答她的问题，只是问她："你为什么突然想结婚了呢？爸妈在催吗？"

向南想了想："也没什么具体的理由，大概是孤独吧，因为周围的人都结婚了。"

但她其实口是心非。

她当时心里想的，并不是这个答案，而是每次在朋友圈刷到的已婚的朋友们晒的昂贵的礼物、可爱的孩子；平时聊到她还没男朋友，公司结了婚的女同事有意无意对她展示出的优越感；存折上并没有随着年龄而增加，反而一直按兵不动的可怜数字。

她想结婚，是因为她感觉自己对目前的生活逐渐失去了掌控。

02 /

朋友说，她月薪4000的邻居经常念叨着要结婚。

大概那是她所能想到的最快过上好日子的方法。

她抱怨自己单身没有人送名牌包；抱怨每天上班都要坐公交；抱怨出租屋太小，自己应该结了婚住有衣帽间的大房子；抱怨同事太傻，想有老公支持自己"裸辞"。

为此她去了很多的相亲角，交了很多的相亲会员费，却一直无人问津。

她的标准降了又降，从年薪100万到年薪50万，再到年薪30万。

当那个 30 万年薪的程序员真的坐在她的对面时，她把手机放在桌底给朋友发短信：

不行，我还是没法将就。快给我打电话，我好找理由走！

最后她才意识到，自己恨嫁是因为穷。

因为穷，她才会每天因为单身而焦虑，想着东边不亮西边亮，疯狂地想靠婚姻挽回一点人生的尊严。

可是姑娘，如果你连养活自己的能力都没有，想的只是靠着结婚吃口饱饭，真正的有钱人又怎么能看得上你？

现在的感情都讲究门当户对，谁又愿意被人一直占便宜呢？

03 /

我其实不是太喜欢讲残酷的故事，除非担心年轻女孩做梦，混淆了生活的本质。

有些人会觉得，事业做不好就算了嘛，生活过得一塌糊涂也没关系，大不了找个人嫁了。

都想避风谁当港？

小时候你可以做做白马王子来拯救自己的梦，长大以后你会发现，白马王子看到你手无寸铁根本不会来，因为救下你毫无价值。

成年人是没有幼稚的资格的。成长本身就是抽筋剥皮、断骨增高的过程，如果你拒绝面对人生的残酷本质，那它一定会一次又一次地给你上课，直到你有勇气直面它。

所以，如果没有爱情和家庭，你一定要努力地赚钱，就像《三十而已》里说的，只有先把一个人的日子过明白了，你才知道自己需要怎样的另一个人。

最可怕的，莫过于当你 20 岁时，你以为自己无能和一无所有是因为还年轻。

到了 30 岁、40 岁、50 岁，你才意识到事实并非如此时，也已经没办法再拿年纪来骗自己了。

那时候女人们直面的，才是真正残酷的人生。

# 第三章

如果运气不好，那就试试勇气

## ○●北漂十年，舍不得买 170 块的王者皮肤

"5 岁时，妈妈告诉我，人生的关键在于快乐。上学后，人们问我长大了要做什么？我写下快乐。

"他们告诉我，我理解错了题目。我告诉他们，他们理解错了人生。"

——约翰·列侬

01 /

前段时间，为了缓解带娃的压力，我们跟几个朋友组了个王者荣耀上分群。

一起组队掉了几颗星后，一哥们突然在群里说，自己好想买一个项羽的皮肤，但是舍不得花钱。

他是谁？

他是彦祖高中时关系最好的发小，也是身边所有人眼里"最有出息的孩子"。

他背井离乡，北漂十来年，在中国顶级学府硕士毕业后，直接进了机关。

他半年内解决北京户口，三年内砸锅卖铁在北京买了房，目前是一名一线公务员。

听起来很光鲜对吧？

可只有最亲近的朋友才知道，他的生活就是每天衬衫皮鞋，穿梭在天刚亮时的地铁和华灯初上时的长安街上。

很多次我们都劝他回来。

何必呢？在外面那么辛苦，不如卖了房子回二线城市，平时准时下班，周末聚餐，还坐拥几百万存款。

他听了，每次都笑一笑，叹口气，说总有一天会出人头地。

可似乎直到今天，他才陡然发现，自己奋斗了这么久，为了工作抛弃了生活，最后连买个皮肤都舍不得花钱。

彦祖对我叹口气，说他以前不是这样的。

"那时候的他，只有几百块生活费，却可以吃整整一个月的白菜拌饭，为的是买到喜欢的 CD 和杂志。现在他 30 岁了，好不容易有钱了，想花 172 块钱买个开心，居然都要犹豫半天。"

说起来挺奇怪的吧？

人总是在一无所有的时候，为了喜欢的东西倾尽全力。

什么都有了，人反而畏首畏尾的了。

02 /

不知道现在的年轻人都是如何生活的。

可我们80、90后中，很多人似乎都特别节俭，好像穷惯了，老是在计算消费划不划算；苦惯了，也忘记怎么去生活了。

只有在一日三餐上花的钱才算该花的钱，攒下来的每一分都是为了还房贷车贷。

我们甚至舍得花1000多请朋友吃饭，却舍不得给自己买100多的皮肤。

我想起之前跟朋友聚餐。

酒过半巡的深夜，一男生朋友才背着包风尘仆仆地过来，坐下吃了几口残羹剩菜，就举着杯子说自己加班迟到了，要跟所有人打通关。

没半个小时，他喝醉了，开始对着每个人傻笑，笑着笑着，眼圈居然红了。

他开始喋喋不休，说他身体不好的爸爸，胡乱花钱的妈妈，逼着他买房不然不结婚的女朋友，他为了攒钱几年都没有买一件新衬衫。

我坐在他旁边，看着他身上那件穿得发白的T恤沉默了。

他最后拉着我的手臂，左摇右晃地对我说，我觉得自己好像一头耕田的牛啊。

我呆呆地看着他，突然想起王小波《黄金时代》里的那段话。

"那一天我二十一岁，在我一生的黄金时代。我有好多奢望。

我想爱，想吃，还想在一瞬间变成天上半明半暗的云。后来我才知道，生活就是个缓慢受锤的过程，人一天天老下去，奢望也一天天消失，最后变得像挨了锤的牛一样。可是我过二十一岁生日时没有预见到这一点。

"我觉得自己会永远生猛下去，什么也捶不了我。"

牛是怎么活着的呢？你身后是鞭子，你习惯了忍受，你低着头犁田，能看到的只有脚下的泥。

没人问你累不累，你也不会停下来歇一会儿。

因为你只是头牛，一头为了一口饭苟活着的牛。

03 /

人为什么越大越难开心了？

我以前想过这个问题。

可能是因为不知道从什么时候开始，我们好像总是在为别人而活吧。

努力学习工作，是为了不让父母失望；努力经营恋情，是为了满足另一半的期待；努力对别人好，是为了被人喜欢。

你有没有在哪一刻关心过自己想要什么？

你毕业后吭哧吭哧地买房，再吭哧吭哧地结婚。

你给父母送生日礼物，给另一半准备烛光晚餐。

你给孩子买昂贵的四驱车，经常请朋友吃饭。

你却舍不得给自己一份100多块钱的快乐。

人生到底在图什么？

我劝那哥们买皮肤的时候，他来了一句："大学攒了四年钱买的 Gibson 吉他，后来我再也没弹过。"

我反问他："但是买的时候你是不是很开心？那就值了。"

是啊，100 多块钱而已。快乐这么廉价，为什么不去拥有它？

学会花钱的过程，实际上也是享受生活的过程啊。

04 /

我知道。

夏天仅仅喝水就可以解渴。

但是走了好久的路大汗淋漓的时候，买一罐 6 块钱的橘子味汽水，让冰凉的液体通过喉咙，再打个悠长的嗝，会不会觉得心情瞬间好了很多？

冬天只是一日三餐就能吃饱。

但是在寒风呼啸的夜里，你刚刚下晚班，瑟瑟发抖的你在路边等车的时候，顺便买了一个热气腾腾的烤红薯。你双手捧着红薯感觉浑身很快就回暖了，你小心翼翼地剥皮，咬了一口，是小时候的味道。

这个时候，你会想到这笔消费不划算吗？

人越成长，好像拥有什么的欲望就越稀薄。小时候手里攥着 5 块钱，每天雀跃地想着要去小卖部买点什么；长大后银行卡里有多少万，却没了以前简单的快乐。

170 块钱的皮肤确实不便宜。但是你想一想，比起小时候省吃俭用一学期买的心爱的玩具，它又算什么呢？

只要金额没有大到影响生活，你为什么不花钱去买开心呢？

好像人越长大，越失去了追求快乐的能力。小时候，买到心爱的东西就意味着快乐，无论是1块钱的泡泡糖，还是5块钱的芭比娃娃，或者是100块钱的游戏机。钱拿在手里，就意味着快乐的量化。

长大了，自己能赚钱了，钱却慢慢变成一堆数字，房贷卡上的数字，人情往来的数字，学费的数字，生活费的数字，医药费的数字，唯独缺少了那一点点让自己快乐的数字。

延迟快乐确实可能会更快乐。但是太晚来的快乐，你真的确定它还是一样的快乐吗？

8岁的洋娃娃，18岁的连衣裙，28岁的旅行，和朋友"开黑"的皮肤。

当下的快乐，有能力就抓住。

我知道成年人的生活都很艰难，可是再难，你也要记得对自己好一点。

人生只有一次。

不要忘了，你也曾经是个需要被宠爱的孩子啊。

## ○ ●变得不好惹以后，我的生活好过多了

01 /

前几天，朋友被气炸了。

起因是她在某软件上订了3天的代餐果汁，说好的早上9点送到，那天接到快递小哥的电话，却提早到了半个小时。

朋友无奈地说："我还堵在路上，大概15分钟后才到公司。"

快递小哥和她商量："要不你提前把收货码给我吧，我们晚确认会被罚款的，确认好了，我在车库等你怎么样？"

朋友心里闪过一秒的犹豫，转念一想又觉得羞愧，天气这么冷，人家跑来跑去这么辛苦，提前确认也没什么关系吧。

她就把收货码给他了。

上午8点50，朋友终于赶到公司了。她在车库里来回转了好几圈都没看见人，就打快递小哥的电话。

那边没人接。

朋友急了，之后又连打了十几个电话！车库里特别冷，她在寒风中瑟瑟发抖地站了半个小时都联系不上对方。

她这才突然醒悟，我是不是被拉黑了？她换了个手机再拨过去。那边很快接了。

朋友气得浑身发抖，对着电话那边吼道："你去哪了？我的代餐果汁呢？"

快递小哥愣了愣才反应过来，下一秒回答得理直气壮："我这单来不及送了，你一直不来，我已经走了。"

她简直不相信自己的耳朵。"不是说好了我给你取货码，你等我的吗？我投诉你你信不信？"

那边笑了两声道："那你投诉吧。"然后挂了电话。

饿了一早上肚子的她立马打了官方投诉电话。对方不受理。为啥？

理由是你已经给人家确认收货了！

你能想象这种心情吗？

高高兴兴地上班，想着马上就能吃到早餐了。快递小哥给你打电话，气喘吁吁、可怜兮兮的。你想到今天这么冷，谁工作都不容易，就心软了，给他行了个方便。你也不图他有多感激你，你想着自己不饿肚子就行。

可当好人的后果是什么呢？是冻了半小时，饿了一早上，外加咽下一肚子的气！

多么讽刺，我体谅你，你却把我当成傻子！


02 /

听完朋友的故事，我突然联想起这几个月请阿姨的经历。

我们家从没请过人，因为不太习惯被人伺候，更别提对方是跟我们父母差不多的年纪，所以每个阿姨刚来的时候，我们都对她非常客气。

自己下厨给她们做饭吃，每一顿都努力劝饭，不敢随意使唤她们，有时间就让她们多休息，生怕触动了她们敏感的神经。

我想着做人就是真心换真心，结果呢？

连换的两个阿姨，一个家务活根本不干，孩子哭了也不去抱；一个因为私事频繁请假，出门还随手拿走家里的现金。

阿姨最后一次请假，是彦祖和爸妈去喝喜酒了，中午阿姨说了一声就走，也没提要离开多久。我又要写稿，又要带娃，偏偏那天我腰痛得根本直不起身来。

直到晚上7点多，她才慢悠悠地进门。那天，一向好脾气的彦祖大发雷霆，怎么也不愿意再留下她。

明明看上去都是很不错的人啊，为什么一干活就变成这样了？

后来我也反思过自己，得出一个结论：可能是因为我们太好说话了。

孩子哭了阿姨没挪窝，我们想着大家都是人，是人就要吃饭，没必要吃饭的时候使唤别人，于是站起来，自己去哄。

之后孩子就算哭得地动山摇，阿姨也端着碗吃饭岿然不动。

阿姨因为私事请假，提出不要告诉公司。我们想着人家也有自己的生活，有急事要体谅，所以明明自己也有事要忙也都没说。

于是她5天里请假4次，还直接从我卧室里拿了零钱去坐公交车。

怎么说呢？大部分人对服务行业都有一种同情心。因为这一行非常辛苦，尤其是需要寄人篱下或者出卖苦力的。

所以本着出来做事不容易的朴素思想，我们能自己干的都自己做了。

报答我们的是什么呢？阿姨一边夸我们人真好，一边干脆啥也不干了，每天就抱着孩子看我们拖地。

我真的不想爆粗口，也真的想哭。那段时间我甚至感觉自己都有点产后抑郁了。为什么我花了钱还要受气？

之后再换新阿姨，她来的第一天，我就板着脸和她列清楚家里每天要干的事情，没有笑脸，不温柔，不再拉家常，像个冷血的坏蛋。

到底是谁把我变成这副鬼德行的？

03 /

所有人都对我们说，做服务行业的都挺难的，要多体谅。

曾经我深以为然。

所以等外卖，说让提前点送达就点了，因为外卖小哥都挺辛苦的。

收快递，怕他上楼麻烦主动让他放菜鸟驿站，因为快递员挺累的。

请保洁阿姨，看她这么大年纪了给她倒水又塞零食，还让干活中间休息休息。

后来我却发现，不是每个人都值得我体谅的。

让我点提前送达的外卖小哥，过了半个多小时还没来。我饿到低血糖投诉了他，他居然打电话来骂我。

我经常自己去快递驿站拿件怕麻烦到小哥，某天我买了个大件自己搬不上来，请他帮忙，他很不耐烦地对我说没时间。

我对保洁阿姨和和气气的，她平时 3 个小时能干完的活用了快 5 个小时。加完钱送出了门我回头一看，卧室的犄角旮旯里都是灰，桌子都没擦干净。

被坑了几次，我就一律照规矩办事了。如果你尊重工作，我也会尊重你。如果你看我好说话欺负我，我一定一耳光甩回去。

奇怪的是，当我开始不体谅他们的时候，他们反而来体谅我了。

很心寒，也很讽刺。

谁天生想当个不通情理、不好说话的人呢？

问题是当你是个好人的时候，你只能得到好人的称号、糟心的态度和一堆很烂的服务。

当你变得不好惹了，全世界反而都来关心你的感受了。

04 /

后来我发现，人的觉悟真不一样，这跟学历、家境、经济都无关。

有种人他们的共同点是你对他好，他就觉得能从你身上占到便宜；你体谅他，他就觉得你好糊弄。

面对这种人怎么办？你只要明白四点就够了。

第一，请人办事，可以生活上体贴，绝不能工作上宽容。

服务业跟其他行业一样，都只是一份工作而已，干这行的人并没有低人一等。我们给钱，他们出力，各取所需，没有谁高谁低。

不然你问问自己：

你是领导，你会让员工在工作上得过且过吗？

员工会因此感激你，从而努力创造业绩吗？

你是老师，你会要求学生考 60 分就满意吗？

学生会因此被打动，好好学习力求报答你吗？

不会。外卖员、快递员、家政阿姨……服务业也一样。

不要把他们当成弱势群体。如果把廉价的同情和愚蠢的宽容四处散播，这才是对他们不公平。因为你潜意识里就没把他们当成和我们一样的人，而是把他们看作弱者或者低能儿。

第二，不需要和提供服务的人做朋友。

灵魂是平等的，行为却不能平等，强行平等意味着对方会索取得更多，对你的期待也会变得更多。

和服务人员做朋友只有一个后果，那就是他们干得不到位工作没做好时，你根本不好意思开口。开口了你反而遭忌恨，因为在他的心里你们是朋友，你已经失去了批评他的资格。

第三，没有底线的"好说话"，是软弱的代名词。

人和人是不同的。你对别人掏心掏肺，只能证明你有涵养，但不代表你能得到同等的回报。

第四，不要轻易原谅。

你原谅了一次，他就会去坑更多的人；你让他长了一次教训，他就会知道社会不好混。

不要总想着算了，盼望着别人帮你教育他们，因为别人也是这么想的。

○● "明明是自己的家，却活得好像寄人篱下。"

01 /

前两年，朋友小周在北京按揭买了一套 70 平方米的房子。

房子买得很吃力，光首付就花掉了他工作多年的全部积蓄，每月还贷后收入也所剩无几。

在一线城市扎根，可是件光宗耀祖的大事。为此，他父母在老家四处吹嘘："我儿子可出息了，在北京买了房！你们谁去北京玩尽管住他家，房子在地铁旁边可方便呢！"

小周原本没把这事放心上，可亲戚朋友们明显当真了。从那以后，不管是来京旅游的、办事的，还是考试的、看病的，每年十几拨人轮番来北京，都要住他那。

有一次，他一个远方舅舅带孩子来看病，拖家带口的，来了 5 个人，在客厅里转个身都费劲。小周说太挤了，想带大家去宾馆，他们非不肯，说睡沙发打地铺都行！

"那几天我简直要崩溃了。舅舅一家都是农村的，生活习惯不太好，在家从不穿拖鞋，上厕所也不冲水，不只吃我的用我的，熊孩子还翻箱倒柜地偷拿我的零食，吃完丢了一桌的包装袋也不扔。舅舅大半夜还踮着脚在客厅看电视。我凌晨 3 点还被吵得睡不着，第二天一大早我还得起床上班……

"最无语的是，有天我下班回家，屋子里脏得一塌糊涂，地上到处都是黑脚印。五个人在沙发上排排坐，边嗑瓜子边看电视。舅舅看见我就问：'你回来啦？正等着你做饭呢，饿死了！'"

小周气得够呛，好好的一个家，被各路亲戚朋友当成了免费旅馆。他每天好吃好喝地供着他们，光招待的钱一年都要花上好几万，还不能流露出一丝不高兴的样子，不然人家得说你混出头了，瞧不起人了。

可自己的生活被搞得乱七八糟的，小周跟谁说理去？

02 /

类似的烦心事，也发生在读者小月的身上。

结婚刚三个月，她禁不住丈夫的软磨硬泡，同意了和公公婆婆一起住。

老人家其他的都好，就是节省得有点过分。

烂掉的衣服不许扔，非逼着缝缝补补继续用；剩饭剩菜也舍不得倒，非要大家全吃掉；炒菜油放多了，都能抱怨你一晚上；小月有次买了件一百块的衣服，婆婆说太贵了，居然生了好几天的闷气，嘴里还整天叨叨："我儿子挣几个钱不容易，哪里经得起这么造？"

最奇葩的是，有天家里没米了，婆婆让她去买袋米。她买了一袋 20 斤的，把米提到 6 楼差点断气。

结果她进门后婆婆问了一声价格就大发雷霆："怎么要 3 块 5？xx 超市只要 3 块 4 一斤呀，怎么这么不会计算？你赶紧给它退回去！"

单是矛盾频繁、观念不合也就算了，自己的家都住得不方便更糟心。

因为公公婆婆在，两个人根本过不了"二人世界"。两人在家相敬如宾，连基本的身体接触也不敢有，因为婆婆觉得伤风败俗。碍于公公在家，大夏天的小月也不能穿吊带，平时洗完澡也得穿戴整齐才敢出来。

好不容易周末想睡个懒觉，婆婆一大早门都不敲就直接冲进来："咋还不起床呢？年轻人可不能这么懒啊！"

时间长了小月几乎崩溃了。

这还是我家吗？我明明结了婚，却好像寄人篱下。这样的日子还能继续过吗？

03 /

"家不成家"的例子，在如今的年轻人中比比皆是。

前年我跟彦祖去他的一个同学家做客。进门我就惊呆了。

一个欧式的金碧辉煌的大客厅，墙上竟挂着一幅巨型的中国古代山水画，一个大落地钟旁边还杵着两个怒目圆睁的玉麒麟。

主卧是日式的榻榻米，次卧则有张巨大的红木床和整排的红木衣柜。每个房间的风格都截然不同，走遍整个屋子仿佛见证了世界数百年的变迁。

问起这么有性格的装修方案是哪位知名设计师设计的，我们有朝一日买了新房子绝对绕开他，同学脸都涨红了，说这都归功于老公的爹妈。

原来两人婚前装修新房时，同学原本想按自己两口子的喜好来，可老公的父母什么都要插手，强势到从设计到布置都想一手包办，因为这事他们还闹了不少矛盾，差点连婚礼都谈崩了。

经过多次摩擦，大家最终达成一致：一人决定一间房的装修风格。客厅则以中线为界，左边孩子定，右边父母定。最后摩擦是避免了，可家也变成了一个四不像的东西。

"说真的，每天回家我整个人都有点不太好，丝毫不觉得放松，结婚两年了还没有家的感觉。我总觉得这是我家吗？这既不是我喜欢的装修风格，也不是我中意的布置，我连打扫卫生都提不起精神。如果能从头再来一次，我绝对不会让任何人插手家里的装修。"

说完，她环视了下四周，又叹了口气。

04 /

大部分的人际关系矛盾，到底源自哪里？

"你侵犯了我的私人领地。"

不管是广义上的心理私人领地，还是"家"这个狭义上的私人领地，越俎代庖，登堂入室，八成都会引起反感与冲突。

"这是我的家，我才是主人，拥有主导权。你凭什么指手画脚，说三道四？"

一些独生子女非常有界限感，也很注重个人隐私。他们这么要求自己，也同样这么要求别人。

在自己家里，我们可以裸奔，可以一周不洗头发，可以素面朝天蓬头垢面，可以穿着盖不住屁股的 T 恤，可以窝在沙发上打一整天的游戏，可以叫一周的外卖也不出门，可以随意变更家具的位置，可以把家里弄得乱七八糟。

无论在外面戴着多厚的面具，需要多少伪装，家永远是一个能让人卸下重担和压力的地方，是一个能让自己全身心放松的区域，而不是一个让人觉得紧绷、疲累，需要掩饰、应酬，随意被别人评价和评判，被第三者侵犯和左右的地方。

但是一旦和除配偶、孩子以外的人长期相处，你还能这么随性吗？如果对方还是你有所忌惮的长辈，你还能这么自由吗？如果一个人回家就像上班一样，不能有丝毫的懈怠，这个家还能称之为家吗？

所以，要是不想自己的家变成亲戚朋友的旅馆，从一开始就婉拒他们吧，说清楚自己不习惯跟别人相处。实在不行，大不了把客房改成书房，把床给拆了卖掉。这年头，还有自带一张床来借住的吗？

假如不愿意跟公婆住在一个屋檐下，沟通又无效的话，就一定要经济独立。这样才能对自己的家有主宰权，才能挺直腰杆跟他们平等交流，而不是对于一切结果只能被动地接受。

界限这个东西，你不提前划好，别人就敢得寸进尺。

## ○●大哥，你有多久没看过电视了？

01 /

上次回家，看见我爸正对着电脑百无聊赖地发呆。

桌面上是个网络棋牌室，上面空空落落的，有很多把空着的椅子。

我随口问了句："没人陪你打啊？"

他"嗯"了声，有点失落，坐了很久都没人来。

那个棋牌软件还是十多年前我帮他下载的，他不会下软件也懒得学，就一直玩这个；账号角色穿着一套很酷炫的衣服还戴着墨镜，是十年前我帮他在免费区里挑的，他不会换衣服也懒得换，账号角色就一直穿着这套衣服。

十年了，估计再长情的人也该换地方了。

我叹了口气，说："那你就别老打牌了嘛，上次我给你推荐了好多国产剧。"

他答得有些小心翼翼："哦，那个啊……你不是帮我登了下xx网站的会员嘛，上次我打开电脑想看，电脑提示我登录状态已经过期了。"

看我皱起眉头，他赶紧又补上一句："上次给你打了电话，你当时在忙着写稿我就没问了，没关系的，平时我们也不怎么看电视剧。"

我愣了一下，心里说不出的情绪慢慢涸开。

02 /

去年，我去长沙某所知名大医院看病，发现候诊大厅的地上坐着一位老人，干涸的眼眶一直有泪水涌出来，他用袖口不停地擦着泪，哭得很伤心。旁边有个导诊模样的小姑娘蹙着眉，一直在给他递纸安慰他。

我看得心酸，过了一会儿偷偷跑过去问小姑娘，这个爷爷怎么了？

小姑娘眼睛红红地解释，爷爷已经七十多岁了，家里挺穷的，儿子生了怪病，他大老远地连夜从外地来长沙求医。

昨晚他住在亲戚家里，原本说要打车过来，因为心疼钱，还是坐了公交车，没想到路上停停走走，耽误了时间，到了医院发现已经排不上队挂号了。

爷爷既心疼、着急，又愧疚、自责，干脆一屁股在大厅坐下，捶着胸口大哭。

　　小姑娘撇撇嘴："现在的人，还有几个来医院排队挂号的，就除了这些老人家！年轻人在网上提前几天就挂好号了，都挤在他们前面。哭也没用，都排到明天去了。"

　　我看了看爷爷手里攥着的大屏老人机，想起自己也是前一天在手机软件上挂的号，所以早上一点也不着急，晃悠到9点多才到。

　　他做错了什么？就因为为了省钱坐公交车了吗？还是因为跟不上年轻人的脚步，不会用手机提前挂号？

　　心酸！

03 /

　　你有没有想过，自己有多久没看过电视了。

　　我大概有三年了。家里的有线电视都直接欠费停掉了，我过了一年才发现。毕竟现在视频网站漫天飞，谁还会看电视呢？

　　你有没有发现，自己很久没带过现金出门了。

　　我大概有一年了。到处都可以用手机支付，连在路边小摊买个凉面都有二维码。将纸币带在身上又不干净又不方便，谁还会带钱呢？

　　你上一次在路边打车是什么样的情景？

　　我早就不记得了。打车软件方便又划算，经常送优惠券，还不怕被绕路。下雨天打车半小时都没人理你，谁还傻傻地站在路边等空车呢？

　　现在真的很方便，不管去哪里都好像只需要一台手机而已。

　　可我们从没有想过——

这个世界上还有一群人，固执地守着那台不怎么清晰的电视机，看着固定的节目和剧集。一个小时后会有几分钟的广告，他双目圆睁盯着电视，心里在读秒，偶尔见缝插针去上个厕所。

即使有人教会他们怎么在网上看电视，他们也搞不懂：为什么电脑不是一打开就能看剧？那些上面写个 VIP 的电影我为啥看不了？

他们会在暴雨天，冒着倾盆大雨打着摇摇欲坠的伞，手臂一次又一次地扬起又放下，看到下一辆的士的时候手臂又顽强地举起来。

车里面响着打车软件接单的语音提示，他却听不见，只能站在路边浑身淋得透湿，摸着光秃秃的后脑勺，感到焦急又奇怪：为啥一个小时了，都没有一辆车停下来？

他们会一大早天还没亮就出门，跑到人潮如织的医院去排队。

因为他们不知道这个世界上还有种东西叫网上挂号，还在想为什么现在看病越来越难了。

他们是我们的爸爸妈妈、爷爷奶奶，是那些头发渐渐花白、发现世界好像越来越让自己看不明白也弄不清楚的人。

我爸至今还没有开通手机支付，我妈到现在还不会用滴滴打车，他们到现在还不知道该怎么在网上点外卖。我说手机上能买菜，还有人帮忙跑腿，他们都以为我是在瞎掰。

一个朋友的母亲，至今不愿意申请支付宝。因为她不能理解，钱放在银行账户以外的地方怎么会安全。

他们还没反应过来，为什么世界在一瞬间好像就全都变样了。

我们坐在疾驰的车里狂奔，享受着科技进步带来的诸多便利。老一辈的人却似乎还被卡在时代的缝隙里。他们茫然四顾，发现没法后退，更无法前进，只能双手扳着时代的边缘，呆呆地看着我们越来越远的背影。

04 /

可是为什么，我们不能拉着他们往前走呢？

我现在都还记得，我爸第一次学会用 QQ，是我教他的。那时候我在上大学，他们只能通过 QQ 视频聊天来缓解对我的想念。

我给他申请了一个 QQ 号，名字叫摇钱树。列表里只有我一个好友。他总摸索着自己输入密码登录账号，虽然那个头像自从我大学毕业后，就再没亮起过。

我妈第一次学会用电脑，也是我教她的。刚开始她连回收站都不知道，把所有文档全部摆在桌面的 C 盘里。电脑还中毒了，卡到如同耄耋之年的老人，连打开网页都颤颤巍巍的。

我教她清理内存，给硬盘分区，给电脑杀毒。虽然她现在还是把啥都丢在桌面上。

我给他们买了扫地机器人、净水器……尽可能地希望他们能和年轻人接轨。

可我还有很多没做好的地方啊。因为性子又急又不耐烦，滴滴打车我教了他们一次就不想教了，我想爸妈怎么这么笨啊。因为打电话时我总在写稿，我爸好多次想问我视频网站的账号密码，都没有机会问到。

我知道现在的年轻人，包括我在内，每天嚷嚷最多的就是"我很忙""我很累""我没时间"。

但是我们宁愿在周末去蹦迪，也没空教爸妈怎么在网上买一把小白菜；宁愿在工作日跟同事聚餐，也没耐心教爷爷奶奶怎么在网上挂号看病。

我以前看过一句话："妈妈不会用手机别嫌她烦，小时候她曾耐心教你用勺子。如果有一天，他们站不稳、走不动了，请你抓住他们的手，就像当年他们牵着你蹒跚学步一样。"

我想人生就是一个又一个的轮回。

有一天，我们最终也会被时代毫不留情地抛弃，会站在路边，一脸茫然地看着飞速掠过的无人驾驶汽车；会打不开家门，因为对不准门框上的眼球识别仪器；会吃不上饭，因为外面都是自助操作的机器人餐厅。

但我希望在那天，会有一个人拉着我的手说："妈妈，没关系，我慢慢教你！"

## ○●生活给你一巴掌，你就和它击个掌

马克·吐温说，人生最重要的两天，就是你出生的那天，和你明白自己为何出生的那天。

可是绝大多数人只有第一天，到死也没有等来第二天。

01 /

今年，是李恒在深圳工作的第七年。

这七年，他每天夜以继日地工作，不知疲倦地加班。

好不容易晋升为主管，拿到了 4 万的月薪，他却想辞职。

没错，在外人看来，他非常成功。

他年薪五六十万，是父母的骄傲。老家的同学亲戚都很羡慕他，说他在大城市混得风生水起。所有人都说他很有出息。

可在李恒心里，自己是彻头彻尾的失败者。

为了挣钱，他没有爱好，没有娱乐，没时间和女朋友约会，导

致两人分手，更没时间回家看父母。

偶尔的加班间隙，他刷着别人出去烧烤郊游的微信朋友圈，觉得自己像个赚钱的机器、没有灵魂的行尸走肉。

唯一还能让他在这座陌生的城市坚持下去的，可能就是那4万块的月薪。

他想撂挑子不干了，却缺乏勇气。毕竟这是他七年的积累，人生有几个七年？

他偶尔在电话里开玩笑提过，但父母都极力反对：你要辞职，好歹先想好出路，总不能比现在赚得少吧？

他刚想说出口的那些话，又给囫囵吞了下去，他只能坚持下去。

只是有时候加完一整夜的班，看着窗外的鱼肚白，看着太阳每天都在照常升起，他感觉自己的生命力也在一点一点地消逝。

上一次好好地睡一觉是什么时候的事了？记忆已经很模糊了。

上一次没有负担地笑是什么时候的事了？他早都不记得了。

有时候他也会想起以前做过的梦：那时候他跟朋友指着世界地图说，自己将来想当一名导游，想走遍千山万水，跟很多人聊天。

当时的他也幻想过自己30岁时会是什么样：一屋两人三餐四季，执子之手，共度余生。

现在呢？他什么都没有。

他整天为之赴汤蹈火的，只有一个字——钱。

02 /

铃铛的读者里，有一个非常小的妹妹。

有多小呢？大概十三四岁吧，是刚开始塑造世界观的年纪。

平时她妈妈不让她玩手机，她偶尔会趁上厕所的时候跟我唠唠嗑。

我带孩子之余，也会跟她有一搭没一搭地聊两句。

有一天，她突然问我："姐姐，你读书的时候成绩好不好？"

我说不好，我偏科严重，数理化可以说是倒数了吧。

"那你现在写文章一个月能赚多少钱？"

我回答还可以，虽然没工作，但养活自己和家人绰绰有余。

她明显很羡慕的样子，来了一句"看来不好好读书也能成功啊"。

我一惊，下意识就问："什么叫成功？你觉得能赚到钱就算成功了吗？"

她理所当然地回答："对啊。我妈经常跟我说，要好好学习，不然以后考不上大学，赚不到大钱，只能做个废物，被所有人瞧不起。"

我一时语塞。

那一瞬间，我突然回忆起自己前年参加的一个作家培训班。

当时老师问："大家觉得什么样的文章才算真正有价值？"

有个作家举手，自信满满地说："我只知道，没有商业价值的文章就没有任何价值。"

听到这句话，我想站起来反驳他，却没有勇气。

毕竟很多人只是这么想，并不会说出来。

没有赚到钱的努力，就是毫无价值的努力。

即使能写出传世之作，如果你一生潦倒，就连家人都嫌弃你。

03 /

在很多人的眼里，钱才是衡量一个人过得是否成功、奋斗有没有价值的标准。

你说你坚持写了多少年的文章，没多少人看。

你说你在外面打拼实现了多少自我价值，没多少人关心。

你说你挣了多少钱。

会有人凑上来，夸你一句牛！

一些自媒体成功学分享内容的标题都是"从月薪几千到几万元，如何在最短的时间内赚到最多的钱"。

年底去参加同学会，就连我被问到写作几年有什么建树时，都只能吞吐半天，从嘴里憋出一句：赚了多少钱。

04 /

当然，我的意思不是说钱不重要。

钱是好东西，能救命，能买来自由，能给人带来尊严。

我挣到钱的时候，也会看着支付宝的余额傻笑，花钱请爸妈出去旅游也超级开心。

但当全世界都把赚钱当成人生的目标时，我们作为人活着的价值究竟在哪里？

你有没有在哪一刻问过自己：我想成为什么样的人？我想拥有什么样的生活？我真正想要从事的是什么职业？我想住在哪个城市，学哪些技能，和谁共事，和谁结婚？

说这个可能有点鸡汤，但是我真的很想告诉所有人：

如果你幸福快乐的源头是努力赚钱，那当然可以。但是这不代表所有人都要选择一样的方向。

有些人，满足感来自不停攀登，在自己热爱的领域长久耕耘，即使没挣到多少钱。

有些人，幸福感来自老婆孩子热炕头，甚至是做条一辈子"躺平"任人嘲笑的咸鱼。

说实话，我从写作中得到最多快乐的那两年，反而是根本没有赚到几个钱的那两年。

那时候我不用关心每篇文章有多少阅读量，也不害怕一言不合就遭受网络暴力，没有更新压力，想写什么就写什么，不用思考什么内容才有人转发，给大号投稿一个月拿到 500 块，和彦祖下一趟馆子超开心。

那时候的我，未必就不比现在成功。

马克·吐温说，人生最重要的两天，就是你出生的那天和你明白自己为何出生的那天。

可是绝大多数人只有第一天，到死也没有等来第二天。

无论温饱、开心，还是奋斗、努力，只要是按自己想要的方式过日子，不后悔，不焦虑，不被任何人和任何想法绑架，你都很成功。

只要你照镜子的时候，能挺起胸膛对自己说：你看里面那个人，他不一定能挣到很多钱，也不一定非常努力，可他那么认真地生活着，种一束盛开的花，炒一盘好吃的菜，和家人一起散步，给身边的人带来幸福。他真的真的真的很厉害！

## ○● 多年后，我才读懂了《仙剑奇侠传》

2005 年的时候，我高二。

那年没有滴滴打车，也没有外卖软件，手机还是翻盖的，家里最高级的电器是电脑。

电脑是台式的，很厚很笨重，开机还特卡，界面是WindowsXP，上网冲浪看一集电视剧能缓冲几十次。

这一年，我在家里那台破电脑上磕磕绊绊地看完了《仙剑奇侠传》。

当时我根本没玩过仙剑系列游戏。我迷上这部剧，完全是因为里面几位主角的颜值。

所以我"撸"完剧，只觉得李逍遥好帅，灵儿好美，月如真善良，刘晋元就是个书呆子，阿奴真可爱，唐钰小宝完全就是我想象中的男朋友的样子啊，我好想将来嫁给他！

那是一个晚熟到根本看不太明白剧情和台词的年纪。

直到今年，我心血来潮重温这部剧，很多以前看得懵懵懂懂的片段我突然都能明白了。

李逍遥的难以取舍和不愿辜负，灵儿的大义和责任，月如的喜欢一个人就是成全，阿七的相爱不如相知，阿奴的天真是因为一直都被好好地保护着，唐钰小宝的付出就是心甘情愿，从不问值不值得。

为什么《仙剑奇侠传》会成为一个年代的经典，成为我们这代人的《芳华》？

因为这部剧披着仙侠的外衣，却有着青春的内核。爱情、友情、亲情……每个人都能在里面的角色身上找到自己的影子。

时隔多年，再听到《六月的雨》我都会怔忡，听到《逍遥叹》都会忍不住轻轻哼起来。

时光匆匆，十余年一个轮回。

多年以后，我才后知后觉地读懂了《仙剑奇侠传》。

多少人在感情里如同林月如？

你有没有很喜欢过一个人？

喜欢到看见他皱了一下眉头都会心痛；喜欢到为他放弃了所有的原则和自尊；喜欢到明知道他爱的不是你，只要能陪在他的身边你就满足了。

《仙剑奇侠传》里，林月如是林家堡的大小姐，从小养尊处优，性格飞扬跋扈，会用鞭子抽家里的下人，会肆无忌惮地和父亲顶嘴，对从小暗恋她的表哥刘晋元，也是呼之即来挥之即去。

这么一个骄傲任性的姑娘，从遇到那个嬉皮笑脸的李逍遥起，整个人就都低到了尘埃里。

你眼里只有另一个女人？没问题，只要我能伴你左右就行。

你对我百般嘲讽、驱赶？没关系，伤心之后我还是会死皮赖脸地留下。

我愿意奋力挥动鞭子，击起漫天的红色蒲公英，给我爱的人和他爱的人制造完美的约会气氛；

我会为了不想再看你痛苦，抛弃我与生俱来的骄傲，跪在你爱的人面前乞求她；

我向久未相见的朋友哭诉，却十句里八句都和你有关。我没抱怨过你对我有多不好，只一直心疼你因为她而伤心。

喜欢一个人不就是这样的吗？完全感觉不到自己。

因为你，我学会了洗衣服，学会了背重物，学会了咽下冷硬的馒头，学会了吃苦，学会了隐忍，把感情埋在心里，跟你在一起，再苦也是甜的。

我原本以为一直默默守候你的我，终于等来一个回眸，我的爱终于有了回音。

可最后我才发现，她在你心中的地位仍旧不可取代。

三个人的世界太拥挤。

我能给你的最后的爱是成全，是安静地离开。

在死亡把我们分开的那一刻，瞬间也变成了永恒。

挺好的，这样你就能永远记住我啦。

可是，"说好的吃到老玩到老呢。真想不到，我已经这么老了"。

小时候我最喜欢灵儿，因为她长得好看。现在我却最心疼月如，因为她爱得卑微。

从一个骄纵蛮横的大小姐到一个学会低头和百般迁就的小跟班，这中间，只需要遇到一个爱不到的人。

"感情，贵在专致，始终如一。"

只要你幸福，我就幸福，即使给你幸福的人不是我……

你是不是曾经也像赵灵儿。

有人说，《仙剑奇侠传》的角色里灵儿最失败，因为她被塑造得太不食人间烟火了。

可是恰恰是灵儿这个角色，映射了我们身边每一个姑娘在爱情上的成长历程。

最初，她像每一个单纯的女孩一样，把爱当作自己生命的全部，当作自己活下去的养分。

为了和他见面，即使减寿三年也没关系，因为"没了逍遥哥哥我一天都活不了"。

最大的愿望就是和他相守一生，生好多好多孩子。所有的情绪都被他牵动着。

可是当某一天，她看见喜欢的人和别的女人举止亲密，一个笃信爱情的人，一直以来的信仰彻底崩塌了。

于是那个曾经只会笑的姑娘一夜之间长大了。

她变得前所未有地独立，不再为他而活，也不再撒娇和吵闹。

"我不能再依赖他了，因为我不能再承受痛苦了。"

她也明白了生活中除了爱还有很多其他的东西，比如家国、责任和道义。

灵儿的转变，就像大多数人在爱情里的成长。

曾经谁不是被好好地庇护着，从没有经历过人间险恶呢？谁不是勇敢地付出，爱你如同爱生命呢？直到被伤害了几次以后再不敢伸出手，连最后一点期待都燃烧殆尽。

成长是不可逆的，饱经风霜的眼神恢复不了以往的纯真。

对很多姑娘来说也一样，独立都是被逼出来的。坚强，也是因为意识到再没人宠着自己了。

很痛对吗？没关系，多痛几次也就习惯了。


李逍遥，谁都不想辜负的结果，是谁都辜负了。

那年，他刚满17岁，吊儿郎当，四处游荡，是余杭镇的一个小混混。

他梦想成为一个江湖大侠，却活得潦草又平凡。

他没事就跟小虎去偷鸡摸狗，闲暇之余搂着一对"爱妾贱婢"。

没想到，命运真的把他逼成了一个要拯救苍生的大侠，他也认识了两个让他铭记一生的女人：一个白月光，是他的初恋也是他的结发妻子；一个朱砂痣，是他的朋友也是他的红颜知己。

时光真神奇，能把小混混变成大英雄。

他和灵儿的初遇，就好像我们每个人情窦初开时遇到了旧人。我们那么喜欢和依恋对方，会幻想跟他在一起的未来，会产生依赖和占有欲，会许下一生一世的承诺。

但是你知道的，刺猬和仙人掌都没有错，拥抱的时候它们也会觉得疼，明明相爱却总是互相伤害，因为它们互相并不了解。

分歧源自不了解，误会也源自不了解。所以你们会吵架、吃醋、闹分手，认为自己是对方追求幸福的绊脚石，一心想着成全、退出。

这样的感情多数走不下去，是不是太傻？

而他和林月如，更像我们长大以后遇上的感情和人。两人并肩而行，势均力敌，会有天长日久的积累，却再也没了那么多的浓烈和炙热，可能是没那么喜欢吧，却还是待在一起。

不再有冲动，不再有悸动，也不会痛彻心扉，更多的是亲人一般的相互陪伴。

甜蜜给了她，懵懂给了她，所有的第一次都给了她，只把感动留给了我。

其实没什么好挑的，只不过对第二个人太不公平。

不那么喜欢，为什么要给希望？

谁也不想辜负的结果，就是注定谁都会被辜负。


前两天我在公众号里说，看完这部剧以后，我哭了两天。

这不是假话。

因为严格说起来，这部剧真的是80后、90后青春的见证，伴随着我们一起见证了十年的岁月变迁。

曾经的我们可能像最初的灵儿，纯真，不谙世事，对爱还很懵懂，会许下一生一世的诺言；后来我们也变得克制而独立，因为知道生活中不只有风花雪月，太投入的后果只会是受伤。

曾经的我们可能也像最初的林月如，天不怕地不怕的，谁也看不上。后来我们却变得魂不守舍，毫无地位。我们这才知道一个女孩最酷的时候，是她没有爱上任何人的时候。

曾经的我们可能像余杭镇的李逍遥一样，梦想以后建功立业，当个名扬天下的大侠。后来我们却发现自己只是个仙灵岛的小配角，在第一集跟拜月教徒交手的时候就挂了，脸都没法露。

当然，我们也可能像唐钰那样无止境地宠溺和迁就对方，或者像刘晋元那样拥有相爱不如相知的豁达，再不然像阿奴一样，从被百般保护到历经沧桑，终于知道陪在身边的人才最珍贵。

但是当我们都懂了的时候，青春已逝，一切好像有点太迟了。

最难忘的是十几集的时候，有很长一段时间他们一堆人都待在客栈里，每天打打闹闹，眉梢间都是青春的气息，月朗星稀，每个开开关关的窗户里都是各种心事。

那一幕仿佛让我回到了十多年前。当我们在电视机和电脑前面和朋友一起看仙剑的时候，一定没想过十年后的我们是什么样子的吧？

我想，他们在烟花下许下十年之约的时候，一定也没想到不久以后承诺就会作废，没想过大家会失散，身边的人一个接一个地离开，大家生离死别。

"我李逍遥要做天下第一大侠，我要锄强扶弱，我要名留青史！"

"我林月如要让林家堡成为天下第一大帮，我是女帮主，然后再跟这个臭蛋争第一！"

"我赵灵儿要让所有南昭国子民永远幸福快乐！"

"我刘晋元要抛头颅，洒热血，帮当今的皇上匡扶大唐江山！"

"我唐钰不怕任何艰难，要跟我义父一样，忠心铁胆，保卫国家！"

"我阿奴要天天开心，一生一世都快乐，天天开心天天吃！"

"好，我们今日一别，十年后再相见！"

"我们一定会实现心中的理想，一定会！"

"不见不散！"

说好的不见不散，都无声无息地消逝在风里。我多希望没有那个烟花绽放的夜晚，没有十年之约，大家一直停留在那天之前，那该有多好？

那时我们虽然一无所有，却是最好的我们啊。

你还坚守着当初的理想吗？

当初和你一起看《仙剑奇侠传》的人还在身边吗？

时间过得真快，说好的吃到老玩到老呢？没想到一眨眼我也这么老了。

2005 至 2021 年，愿大家珍惜如今身边的一切。

## ○ ● 欢迎来到大人的世界

01 /

又是一年高考季。

从明天开始，又有一帮孩子要变成真正的大人了。

依然记得高考完那天，我坐在空了一大半的教室里，最后一次望向窗外。

阳光像瀑布一样倾泻而下，我抬起手好像能触到空中飘浮的尘埃。树叶被太阳抚摸得闪闪发光，蝉还是一如往常地叫得不知疲倦。

我愣了一会儿才反应过来：我终于毕业了。

磨磨蹭蹭地把东西都收拾好，临走时我突然觉得心里空荡荡的。黑板上的高考倒计时还没有擦掉，几个粉笔头凌乱地散落在讲台上。明知道有些人一辈子都不会再见，自己要和中学时代告别了，我却感觉好像一切都没有变，时空似乎凝固在某个瞬间了。

定格的那个画面，在后来的十年中，无数次在我午夜梦回时又与我相见。

毕业意味着什么？我想，对刚刚结束了高中生涯的孩子们来说，它可能意味着有史以来心里最轻松的暑假；意味着马上要和没有任何血缘关系的陌生人相处四年，同住一室；意味着脱离了父母的管辖，享受自由，学会独立；也意味着即将开启人生新的征程，未来有无限的可能。

可是在 29 岁这年，我才突然意识到：毕业，意味着我们一部分的自己慢慢丢失在了过去。

如果青春有寿命的话，大部分人都是在 30 岁之前寿终正寝。

02 /

有时候我也会想，到底人是如何逐渐腐朽的？

你看 18 岁刚毕业的时候，每个人的眼睛里还有光。我们背起行囊离开家乡，一只脚踏入和以前截然不同的人生，像个孩童一样甫一睁眼，就好奇地探索这五光十色的世界。

我们会遇到第一次全心全意地喜欢的人。喜欢到什么地步呢？喜欢到愿意把全世界包括自己都打包送给他，为他做什么都可以。

我们会结识很多来自天南海北的好朋友，在夜宵摊上或 KTV 里喝酒、撸串、聊天。那时候我们也曾以为我们会一辈子这么好。

我们会保有小孩子般的天真和善良，会为路边的乞丐掏出口袋里的最后一点零钱；会自己站十几站的路，就是为了给老人让个座；会觉得世界上不会有坏人；会不假思索地相信每一句"我爱你"和"一辈子"；会对全世界敞开双臂，紧紧拥抱别人。

那时候，我们对任何人和任何事，都抱有绝对的信任和热忱。

直到时间的车轮轰然碾过，我们才突然发现属于孩童的马戏团帐篷，被撕开了一个难以察觉的缺口。那个缺口越来越大，变成了一个黑咕隆咚的洞。

你蹲在那好奇地往外看，外面拥挤着想进来的，是一大堆成年人的丑陋。

你以为的好朋友，在利益面前和你翻脸。所谓的友情脆弱得如同纸一样。

你以为的此生挚爱，信誓旦旦地说爱你的同时，也在微信里说着爱别人。

你的天真和不设防，在猝不及防中成了你被重创的理由。

你以为的以为，正接二连三狠狠地打你的脸。

当掏心掏肺遭遇了几次腹背受敌，你就像在沙滩上苦苦堆了一天城堡的孩子，在海水冲刷过来的一瞬间"倾家荡产"。

海水对你说：欢迎来到大人的世界。


03 /

短短四年怎么够呢？你还会大学毕业，会找工作，可能会接二连三地碰壁，会再恋爱，可能会一次又一次地分手。

你的骄傲、勇敢，渐渐变成了畏缩，这中间的刺痛你已司空见惯。你成了流水线下的复制品，曾经的棱角被打磨掉，大家已是千人一面。

理想这个词离你越来越遥远，取而代之的是活着。吃不完的泡面，看不完的韩剧，对一切无所谓的态度，让你所有的感官变得迟钝。

你变得胆小如鼠，不敢接触新的异性，爱情对你来说是奢侈品。你不再好奇也没有了活力，如同行尸走肉。你从踌躇满志到混吃等死，只用了短短几年时间。

那两年，你好像都能从空气中闻到死亡和腐朽的味道。那是青春在衰败的暗号。

偶尔你也会问自己，自己是从什么时候开始变成这样的呢？你在寒风中抱了抱手臂，也抱着身体里正蜷缩着的那个小小的自己。

你突然想到高三毕业的那一天，你离开教室时回头看的那一眼。

但时光不可能让你重来一遍。


04 /

所以这就是我在你们毕业前夕，想要递给每一个即将踏上新的人生征程的人的一封信，也是留给数年后的我，或者20多岁的你的一封信。

我知道，离开父母的庇佑后，人会迅速成长，或者像烈日下的一棵植物迅速衰败下去。

你可能会遇到此生让你用尽全力的一段爱情。你愿意凌晨起床排一个小时的队给她买早餐，坐几个小时的车去见她一面，但是你们最后可能也不会在一起。

你可能会经历工作上的很多挫折，比如做了十几个小时的方案，熬了几个夜赶出来的演示文稿，却被领导说得一文不值，还被撕碎了丢进垃圾桶里。

你可能会发现你心里坚定的信仰，你梗着脖子想要的正确，在现实面前不堪一击。好像在所有人眼中，只有权力和金钱才是至高无上的真理。

那天你想，以后就把心层层包裹起来好了，就浑浑噩噩蹉跎度日算了，就像别人那样，蒙着眼睛假装看不到，在黑暗里摸索着前进，还给自己洗脑：天本来就是黑的，反正大家都这样啊。

但我还是希望，你还能如最初那样，坚韧、炙热、纯真、勇敢。

你还不会放弃努力，对想要的都能勇敢地争取。

你还不会在乎别人的看法，会按你理想的方式去活。

你还没有丧失对人的信任，喜欢他就有孤注一掷的勇气。

你还对人世间的一花一树都充满了热忱，对一切新事物都充满了好奇。

因为温度才是我们活着的证据，心脏还会跳动你才能感受到自己的呼吸。

我希望你，无论是 18 岁、28 岁、38 岁……都能保持敏锐、正直，有少年一般的天真和赤忱，提起梦想还会眼眶泛红，像个初出茅庐的孩子。

我们还小，别急着变老。

因为少年气才是一个人身上最珍贵的东西。

## ○ ●你还记得 17 岁时喜欢的人吗？

01 /

之前看过一个段子：当你发现身边的朋友找的对象越来越丑的时候，就说明他快要结婚了。

上个月，刚过完 27 岁生日的朋友就交了新男朋友。

这个男人和她以往的每一任男朋友都不太一样：不高不帅，不解风情，甚至沉默寡言到有些木讷。

我很诧异，说："你是受了什么刺激吗？明明你喜欢的不是这个类型，我记得你是个头号'颜狗'！"

她笑了笑。

"20 岁的时候，我也喜欢那种在篮球场上迷倒众多女孩的，或者挽着他走在街上会引来无数姑娘羡慕眼神的男孩。但是到了 27 岁，我的心态就跟以前完全不一样了。

"这个男生是家里亲戚介绍的，无论是工作还是家境，各方面条件都挺出色的。我爸妈也很满意，大家都说他是现阶段最适合我的结婚对象。"

可能越来越多的姑娘都是这样的吧，曾经只考虑帅不帅，能不能玩到一起，有没有好感，后来，更多的是考虑家境如何，人品怎么样，适不适合结婚。

比起虽然好看却有无数女人对他虎视眈眈的男人，27 岁的女人更需要的是安全感。

谈恋爱看脸，好像是人年轻的时候才会做的事。

02 /

前两天微博上出现了一个话题：你还记得 17 岁时喜欢过的人吗？
下面有条评论让人心酸：

他过得很好，我不能打扰。可从始至终他都不知道：从前有个人爱他很久，他是青春的开始与尽头。

大概我们的青春也是这样的吧，从喜欢上一个人开始，到很难再喜欢上一个人结束。

阳光的笑容，洁白的衬衫，清香的长发，同时被老师喊起来答题时全班的哄笑，桌洞里的早餐，夹在课本里的零食，每天一起上学放学，晚自习后偷偷在巷子口亲吻。

上课时害羞的偷看，眼神无意中接触的慌张，作业本放在一起都会觉得甜蜜，念出那个名字都会心跳加速，还有毕业纪念册上面语焉不详的暗示和直到最后都没有表达出来的遗憾。

那个年纪多美好，即使他没房没车看不到未来，你也一心想跟他过一生。

五月天说，青春是手牵手坐上了永不回头的火车。

以前我们总以为，喜欢的人永远不会离开，暑假的后面还有数不完的夏天，人生还有无限的可能，任何事情都能从头来过。

以前我们总以为，自己是世界的主角，以后一定会干出一番大事业，任何事情都能按照自己的想法去发展，未来尽在自己的手中。

直到做完了所有的试卷，考完了所有的试，跟年少的他分了手，喝完了手中的酒，在格子间里敲打着键盘，对上司唯唯诺诺，无休止地加班到深夜，拿着和别人一样的几千块的工资，从空荡荡的办公室里出来……你才突然发现青春已经落幕，原来自己也不过是个平庸的人。

03 /

青春是什么时候消失殆尽的？

可能是那天，你发现比起单纯的好感，成年人的感情更讲究势均力敌。你不再因为人会打篮球、成绩好、长得高就表白，你想得更多的是彼此是否合适，能力和家境是否相匹配。

也可能是那天，经历过一次失败、重启，你突然发现自己失去了一往无前的勇气。你会不愿意付出，排斥改变，只想守好自己的一亩三分地。

又或者是那天，被骗的次数太多，你再也不随随便便地相信别人，变得更加警惕和刀枪不入。你难以进入一段感情，难以接受两个人的生活。

结束了一段关系，你发现分手后恢复的时间变得更短了。以前你会歇斯底里地痛哭，现在濒临麻木。你暗自叮嘱自己不能难过太长时间，眼睛哭肿了要用冷毛巾敷，因为不能影响第二天上班。

成年人，总在不动声色地崩溃。

我们突然不再睥睨一切，学会了请客送礼，懂得了人情世故；

我们突然开始担心眼角的鱼尾纹，研究起了保温杯和生发水；

我们突然明白自己已不再受父母的庇荫，要学会为自己的人生负责，因为没有人有义务帮你兜底；

我们突然知道不会再有人轻易原谅你的莽撞和轻狂，因为"二十不狂是无志，三十尤狂是无智"。

我们也终于弄懂了，曾经自己怎么吃都吃不胖，不是因为体质，而是因为年轻。

但不管你再怎么否认，青春之所以结束，其实并不全是因为年龄，而是因为你在某一刻放弃了它。

当我们屈服于世俗，忘记了正直，习惯了麻木，摒弃了热血，丢掉了一往无前的勇敢和"愚蠢"，甚至心安理得于自己的苍老和憔悴，我们的青春才真正地落幕了。

## ○ ●如果你不能成为太阳，那就当一颗星星

有个微博博主发了一段话，我至今记忆犹新。

具体内容我搜不到了，只能凭我的印象复述个大概。

20 年前，爸妈们下了班，都匆匆忙忙赶回家做饭。那时候我们放学，都是踩着沿路挨家挨户的饭菜香回家，到家就有的吃。

那时候没有"996"和"007"。成年人吃完饭守在电视机前面看《还珠格格》，或者聚在一起打牌。孩子们出去找朋友玩，打羽毛球或者跳绳，玩到八九点大汗淋漓地回来。

回忆起来上一代长辈们虽然累，但好歹保留了某种精神和家庭生活。

而现在年轻人的人生呢？

一个在大厂工作的朋友对我说，她朋友，一个1988年出生的女人，因为之前加班太狠，结了婚一直怀不上孩子，每天在工区喝中药。

我的一个同行，最近突然离职要去学佛，因为考上了佛学院。

她说她之前拼命干互联网，拿了相当于 10 个月工资的年终奖，最后站在办公室里发现自己居然好几年都没看过夕阳了。

赚了那么多钱买啥？她不知道。跟谁去花？她也不知道。

她只知道，自己绝不敢停。因为一旦停下，就有无数人从她身上踩过去。

现在的年轻人，别说结婚了，谈恋爱的时间都没有。现在年轻人猝死的例子越来越多，可是没办法，还是会有很多人抢破头去做螺丝钉。

大家都在"卷"，能自己回家做饭的都成了异类。每天吃着推陈出新的外卖，租几千块 1 个月的房却只能回去睡几天，钟点工阿姨都比你在那张床上躺得久。

偶尔哪天不加班了，坐在电脑前你都不知道该去哪。因为你没朋友约饭，早回出租屋也没事干。

就像微博上一位网友评论的扎心的一段话：

工作让我麻木，下班只想躺着。什么谈恋爱、结婚、生孩子、社交、娱乐，全部和自己无关。我没有任何期待，也没什么精神寄托。"社畜"做久了就像机器人，丢失了喜怒哀乐，只有累，骨子里透出来的累。靠惯性活着，靠呼吸活着。

"内卷"已经毁了我们这一代的生活。

其实我经常写文章，劝所有人放松一点。

不是倡导大家都不去努力，而是希望你别被"内卷"的洪流裹挤了。

学习，你不可能永远维持在第一名。

职场，总有人做得比你更出色。

就连旅游，也总有人比你去的地方多。

看个电影，坐第一排总算没人挡在前面了，但你一直抬头，不累吗？

铃铛也曾经"卷到"患上抑郁症。

比如，没有灵感写不出文章的时候，写得很烂觉得在制造文字垃圾的时候，为什么不能像朋友圈里更厉害的人那样轻轻松松赚到超多钱的时候，觉得自己不如别人聪明不如别人机灵的时候……

看着那么多成功又优秀的人我会感觉痛苦：为什么他们不是我？

后来你会发现，当人的眼光永远落在别人身上时心就会变得狭隘。因为看不到自己的需求，也看不到自己的丁点进步。

为什么不找找自己身上的优点呢？

"我外卖送得很快。"

"我毛衣织得很好。"

"我做菜非常好吃。"

"我很擅长逗笑孩子。"

人生的成功不只有挣钱和往上爬。如今铃铛的理想就是做个幸福的普通人，对我的儿子小咕噜的期望也一样。

还比什么呢？

上学的时候比谁成绩好，工作以后比谁工资高，结了婚比谁的老公能挣钱，比谁嫁得好……

问题是再怎么比，你能站在全世界的顶峰吗？

即使真能拼到山顶，站上去以后呢？

下一步要做什么？活着的意义到底是什么？

我恍惚间回想到十几岁的班会上，当老师问大家长大想做什么时。

有同学说想当个歌手，有同学说想开家店卖吃的，有同学说想当导游，我却不知道自己该怎么回答。

爸妈说考上大学就好了，就能赚到大钱找到好工作了。没人告诉你找到好工作是为了什么，你只知道努力了十几年如今只能坐在格子间里埋头苦干。

找到好工作是为了好好生活。

至少家人能在一张桌子上吃饭，周末能偶尔去逛个公园，有时间跟朋友吃个夜宵，下班还有余力和另一半拥抱着聊天。

我们应该在溺水的节奏里伸出头喘息，这样才不至于变成一个只会挣钱的空心人，或者一枚坏了就扔的螺丝钉。

真的，停下来休息一下吧，不要再"卷"了。

那些你羡慕到眼底通红的人，未必灵魂就比你更自由。

## ○ ●我终于买来了安全感！

今天我跟大家分享一件超级开心的事情。

上周五，我和彦祖去银行，把家里的房贷还清了。

我们是 2011 年买的婚房，当时贷的是 30 年，月供 5000。上个月打了流水我才知道，过去 10 年我们还的居然 70% 都是利息……

我顿时无语，感觉这么多年都在白打工。

不过我们总算上岸了。（还好长沙房价低，不然我今天绝对吹不了这个牛！）

01 /

这是我们在过去的三年里，还的第二套房子的房贷。

第一套是爸妈在我大学时给我买的婚前房，第二套就是彦祖爸妈给我们买的婚房了。

看到这里肯定有人说我傻。我擅长投资的朋友也说过：干吗不拿这些现金去投资？钱在贬值，物价在升高，而且越往后利息是越还越低的呀。

我也知道啊。可是怎么讲呢？要不聊下我第一套房从买到手到还清贷款的过程吧。

铃铛还在上大学的时候，家里条件其实很一般。只因为爸妈一直觉得，他们这辈子都窝在小县城里没出去，就希望我能去更好的地方发展。所以他们倾尽所有，给我在长沙偏郊区的地方买了套小户型。

当时那套房的月供是 2000 左右，问题是我爸妈的工资加起来也就 4000 多点。他们还得管我的生活费，所以日子过得捉襟见肘。

过了很久我妈才透露，刚买房的那几个月，我爸每晚失眠，辗转反侧，说想到自己 70 岁可能还在给我还房贷，就觉得压力太大。

他们那几年吃饭基本都是两个菜，一个肉菜加一个咸菜，夏天再热也不怎么开空调，平时想的就是省钱，但再怎么苦也没有降低我的生活标准。

当时我真的是又想笑又想流泪。这两位大概是觉得我这辈子肯定没啥出息了，但也决定一直好好养着我这个没出息的女儿。

所以，2019 年，在彦祖的支持下，我挣到钱就给他们买了套在家附近的二手房，也把婚前房的房贷给提前还了。

还完钱的那天，我爸又开心又感慨地说："我女儿真棒，帮我们把贷款都还清了！"我鼻子一酸反驳道："明明是你们给我买的房，怎么能说我帮你们还了贷款呢？"

我爸是不是很傻，连账都不会算？

就冲他们这么开心、骄傲，还有我老爸以后能睡个好觉，这也是很值的一笔支出了。

02 /

第二套房是彦祖爸妈给我们出了首付的婚前房。（我真的很感谢他们给我们的小家庭助力，光靠我俩肯定是买不起的。）

我刚工作那几年一个月还 5000 稍微有点压力，现在还好。

但我俩商量了一下，还是拿出家里几乎所有的钱把房贷还完了。

第二次还贷，更多的还是出于安全感上的考虑。

我看起来大大咧咧的，其实金钱观偏保守，也没有太多的物欲。

加了我微信的老读者应该都知道，我朋友圈里日常不是晒 30 块钱的假发，就是晒 50 块钱的包。（贵的也买，但我感觉作为日常消费没啥必要。毕竟我已经过了非要靠奢侈品证明自己年纪的时候，而且对我们这种普通人来说，昂贵的东西太不耐用了。）

写作这几年，我赚钱后所有的大宗支出，也不过是带双方父母出国旅行，给自己买了几样以前买不起又很想要的奢侈品，还房贷和给爸妈买房。

哦，还有生娃养娃，这个实在太费钱了。

我也投资。我试过的风险最大的投资就是买基金（为还贷已退场），年纪越大我越不喜欢欠钱的感觉，总觉得自己每个月都在给银行打工。

32 岁了，家庭没有负债，是我目前能想到的最大的安全感的来源。

03 /

我知道，大家都觉得自媒体挣得不少，所以经常有人劝我创业，把盘子铺大，赚更多的钱。

只有我自己才知道，我不是这块料。

除了害怕风险，我很明白自己不是因为才华才挣了这么多钱，仅仅是因为我是站在风口上的猪罢了。

得到的一切都是靠自己的运气，时代的福利和一路遇到的贵人们给的帮助。我不觉得自己这辈子都能一直飞在空中。

最重要的一点，是我希望我和彦祖以后挣的每一分钱都是自己真心想挣的。而这一点只有没负债才能做到。

工作是因为自己喜欢，而不是因为身后有生存的鞭子在抽自己。想奋斗就奋斗，感觉累了就"躺平"休息一会儿再继续。不用只能前进，无法后退，不用做一头勤勤恳恳的老牛。

但也不用担心我会彻底"躺平"，现阶段我觉得赚钱还是非常快乐的事。

因为跟朋友、家人出去吃饭不用考虑这家会不会太贵，不用因为担心结不起账加不起菜，就一直死死地盯着菜单，毕竟跟喜欢的人在一起的时光很宝贵，我想忘记自己的尴尬和窘迫，只记得聚会中每个人的笑脸。

我可以吃到好吃的就给朋友、家人们买一份，不用想自己这个月已经超支了多少。当他们收到礼物感到开心的时候，就是我感到快乐和幸福的时候。

　　我可以等小咕噜长大了，不用老想着反哺家里，能有底气地选择自己喜欢的行业，选择自己喜欢的人。我想生了孩子的父母都有这种感受吧，自己鞭策自己，都是为了孩子未来有更多的可能。

　　总之，还完房贷的感觉真是太太太快乐了！！！

## ○●你有没有想过自己会成为什么样的人？

01 /

在你十几岁的时候，你有没有想过自己二十年后会是什么样子？

别急，在给出答案之前，请你先看看下面这个真实的故事。

朋友弟弟的女朋友，在高考当天被几个老男人搭讪。

搭讪不成，他们还闹进了派出所。

事情经过是这样的。

朋友的弟弟考完的第一天，约了几个兄弟还有女朋友出去吃夜宵庆祝。

本来应该是值得纪念的一个夜晚，结果吃吃喝喝聊了一会儿后，隔壁桌四个三四十岁的中年男人过来缠着他的小女朋友要微信号。

弟弟说，他进门就注意到那桌了。四个发福的中年男人的都裸着上身，聒噪地猜着拳，一身酒臭味。当他们几个年轻人在旁边坐下之后，那四个男人直勾勾地看了这边几个小姑娘十几分钟。

但因为他们一直没啥动作，弟弟也就假装没看到。

没想到他们过了一会儿就按捺不住来搭讪了。

当时一桌的孩子都蒙了，心想我们十七八岁，你们三四十岁，再过十年你们都退休了，差了整整一代，你们想干吗？岁数差这么远，交啥朋友？于是几个孩子就没回话。

那几个中年油腻男用手撑着桌子，满口酒气凶巴巴地问了几次。

弟弟实在憋不住了，就说我女朋友不会给你微信的。

那几个中年男人顿时勃然大怒，觉得自己掉了脸了，拿起桌上的酒就往弟弟身上泼，还把桌子抬起来给掀了，桌上的菜撒了一地，现场顿时一片狼藉。老板脸色煞白地过来劝架，男人手一挡，指着弟弟的鼻子凶神恶煞地说："我今天弄死你，信不信？"

弟弟全程坐着看手机，听他说完这话，很淡定地看了他一眼，接着给姐姐（也就是我的朋友）打了个电话。

我朋友在赶去的路上就报警了。

02 /

朋友过去以后，那几个老男人依旧嚣张得不行，挥舞着拳头，嘴里还骂骂咧咧的，说要找几个人把弟弟给废掉，让他父母赶来收尸。

这时候警察进门了。

几个老男人一看，全都噤声了。

警察就去查监控，发现孩子们自始至终都非常淡定，全程都是四个中年男人在不停地挑衅。

这时弟弟这一堆人也围了上来，几个孩子叽叽喳喳的，你一言我一语，说我们一直没有还手，能将他们拘留吧？（从这里能看出社会和学校的普法工作做得不错，值得一夸。）

弟弟又补了一句："不行赔钱也可以，毕竟我们点的酒都被他们砸完了。"

警察想了想，说也可以，那就赔钱调解吧。

那几个中年男人一听急了，从座位上跳起来问要赔多少钱。

警察回答："这得看对方了。"

其中两个男的立马无赖地表示："警察同志，那你还是把我们给拘留了吧。"

…………

后来才知道，这哥几个，三个 80 后，一个 70 后，清一色的初中肄业，无业。

一般这个年纪的人，晚上不是忙着看孩子辅导作业，就是陪老婆。

他们呢？说不定晚上出来喝酒的钱，还是出门前问六七十岁的爸妈要的。

想想也很合理，除了这种"富贵闲人"，谁会大半夜在外面找十七八岁的小姑娘要微信，闹事呢？

03 /

说实话，我以前没遇到过类似的事情。

我和别人起冲突最严重的，也不过是大吵一架，远没有到动手的程度。

但在这个六月，听朋友讲了这件事后，我还是觉得很魔幻。

几个作为高考生的18岁的弟弟妹妹，和那几个"撩妹"不成被"反杀"的中年男人，一同出现在夜宵店里。

这个场景，总给我一种时空交错的感觉。

如果不是因为都在店里吃东西，这两类人怎么可能有交集？

一边是九十点钟的太阳，刚高考完，还很年轻，前途无量。

一边是啃老、油腻，一把年纪了混得连十几岁的孩子都瞧不起的人。

古人说三十而立，四十不惑。这个年纪，他们不在家哄老婆带孩子伺候父母，准备第二天努力挣钱生活，居然大半夜的在外面搭讪跟自己孩子一般大的小姑娘，被拒绝后还恼羞成怒，闹事，被抓进派出所连调解的钱都拿不出来，丢不丢人呢？

04 /

我没有瞧不起学历不高也没工作的人的意思。

我自己也是普通大学毕业的，严格地说也没上班。

我只是觉得好好的成年人，怎么活成了老不正经？

在今年高考的那几天，我就想征集这个问题的答案：在你十几岁的时候，你有没有想过自己会成为什么样的人？

这么多年来，你有没有为之努力过，去实现一个又一个的小目标？哪怕暂时没有达到目的，但你是不是还在朝终点慢慢靠近？

我想这几个中年人一定没想过这些。

一个人到了三四十岁，还啃老、扮大哥、不上进。大家提起这个人，只会摇摇头，觉得"他父母真可怜""这人废了"。这种人走到哪里都会被人嫌弃，哪怕夜宵店里十几岁没见过啥世面的小姑娘，都有资格瞧不起你。

前不久铃铛看新闻，有个年轻人穿得很"社会"，抱着一个小姑娘帮她找爸妈。周围的人以貌取人，都以为他是人贩子，就报警了，警察来了才知道他是在见义勇为。

你至少要向这样的人看齐吧？

人可以穷，但得自力更生。在这个社会上只要你有手有脚就肯定饿不死，就算累一点也能活得挺好。

你可以俗，但别 low（网络用语，人品差的意思）。都到当爹妈的年纪了还吃父母的，半夜找年纪小到都可以做自己的孩子，还有男朋友了的小女孩要号码，就是很 low 的事情。

哪怕你上短视频软件喊麦呢，我都觉得挺有意思的。

这几位大哥，一看就是十几岁没努力，二十几岁没努力，三十几岁也没努力，到了四十多岁就被所有人都瞧不起了。

换成是我，穿越到未来看一眼，都会气得立马厥过去。

我不是说你一定得努力工作，但好不容易来世间走一遭，你至少也得努力生活吧？

别逗了！

人生就是一场蝴蝶效应。都认真生活吧，几十年后总能划分出一条人与人之间的鸿沟来。

你不一定要很有钱，哪怕你当"咸鱼"都没关系，真正认真活着的人从来不会被人瞧不起。

人活几十年，至少不能成为垃圾。

# 第四章

"你知道哭是解决不了问题的"

"没有人哭是为了解决问题"

## ○●不爱你的人，比你想象的更成熟

01 /

某天我无聊地在网上闲逛，看见一个帖子——怎么样才能让女朋友成熟一点。

这个男生说，自己和女朋友是异地恋，他是女朋友的初恋。

我平时工作忙，没什么时间来找她，她放假就想来找我。但是我觉得她还是应该以学业为重，就没让她来。

她就生气了，说我们这样不像在谈恋爱，还开始翻旧账，说我和她在一起这么久从来没送过东西给她，也不关心她，经常三天不联系她。

我很奇怪，为什么谈恋爱就一定要像做交易一样呢？我就非得给她送东西，每天嘘寒问暖的吗？我有自己的工作，没时间理她很正常。她虽然经常送我东西，但是那都是一堆不值钱的小玩意，我不回送也没什么吧？而且她喜欢的东西在我看来都是没必要的，再加上我刚毕业资金不宽裕，所以我也一直没送她东西。

　　她以前都不这样，我说在忙的时候她会很乖地等我。刚认识的时候她也非常独立而且很有趣。现在她变得很奇怪，经常哭，变得很'作'。以前她痛经都不吭声，说睡一觉就好了。前几天她痛经，给我打电话说难受，我当时正在忙工作，很烦，就让她不要'作'，自己去医院。她就把电话挂了，至今没理我。

　　有了男朋友就是脆弱的理由了？我真是无法理解。

　　我还是想跟她结婚的，我想问下大家怎么才能让她成熟一点？

　　看完以后，我真想反手给他一个煤气罐。又是"这种垃圾都有女朋友"系列。

　　你再忙，打个电话不需要 10 秒吧？

　　想和你见面就是不成熟了？想每天给你打几个电话就是不成熟了？希望你给她送礼物就是不成熟了？痛经的时候给你打电话就是不成熟了？脆弱的时候想依靠你就是不成熟了？

　　爱你才会依赖你，才会想看见你，不然你以为你是谁啊，人人都排队想跟你见面？

　　需要的时候可以在你身边，不需要的时候就滚开点，不用宠，不用哄，不用陪，世界上有这种女朋友？能不能给我的读者发几个？

　　你干脆买个电子宠物好了。

有些男生啊，明明就是自私，在爱情里只想享受，舍不得付出，一点男朋友的责任、义务都不想承担，还有脸指责女生不成熟。

我相信这样的人以后会越来越少的，因为没有女生愿意嫁给他，最后这样的人就灭绝了。

02 /

其实我以前呢，也自诩成熟独立，胸前能跑马，单手劈柴火，掌心碎大石，提起纯净水桶健步如飞，一口气上十层楼都不费劲。

我还是朋友圈里出了名的知心大姐，专注于帮别人分析和解决感情问题。

结果跟彦祖在一块后，我顿时变成傻子，不只幼稚，连自理能力都快没了。

这都怪他——喝饮料帮我拧瓶盖，吃饭帮我夹一堆菜，我犯懒的时候帮我打点好一切，吃个小龙虾都会帮我剥好壳把肉送我嘴里。

这直接导致我们一块出门，我从来不带钱包也不记路，反正有他就行了。

任何东西找不到我都会问他去哪了，什么事情搞不定我都会打电话问他。

所以，要是哪天他也忘带钥匙了，我们就会成双成对地被锁在家门外。

或者哪天他出门也忘了带钱，我们俩就会面面相觑，寸步难行。

更可怕的是，结婚半年后，我都不明白怎么开客厅的电视（投影）；结婚一年后，我都不知道在哪交水电费和燃气费，因为平时这些都是他包办的。

他经常叹着气说，没有我，你该怎么办？

嗯……其实我相信，即使没有你，我自己也是可以的。

可只要你还在身边，我就没必要操心任何事。

撒娇卖萌，不用担心会被讨厌；

脑子打结，他都能给出最优解。

我可以安心地依赖你，遇到困难找你，你总能解决问题。

要知道女孩在喜欢一个人的时候，是会变得幼稚黏人的，还有点傻。

因为她觉得，你是她最亲密又可以依赖的人。

在你面前她可以不用伪装，可以展现出不那么成熟独立的一面。

## 03 /

所以，我挺讨厌男生说"你能不能成熟点"这种话的。

每次听到，我都想拿出我三米长的大刀，在他脖子上比画比画：你让谁成熟点啊？啊？怎么现在又不说话了？

我 30 岁的人了，上个月还买了一堆手工娃娃。

我爸妈岁数加起来都一个多世纪了，不还是会手拉着手去坐碰碰车吗？

你觉得她幼稚、不够独立，那是因为她喜欢你。

她要是对你没感觉了，分分钟成熟过你妈。

网友说过，人类就是很奇怪，一旦谈恋爱了就像失去了自理能力，还是要人工饲养的那种，总是需要培育、养护，单身的时候就像在野外求生，有抵御一切外力的能力。

人都有惰性。当你全身心地信任对方，自己的脑子就开始不运转了。你会失去思考和自理的能力，会把自己最软弱和天真的地方展现给对方看，相信他不会骗你，也不会伤害你。

所以这就是为什么很多成熟的男生恋爱时间久了，就变回了一个孩子。

04 /

当男生不再包容女生的"傻"和"幼稚"时，女生就会一夜长大。

因为在女孩看来，男朋友每次说"你能不能成熟点"时，其实意思是"你能不能别这么烦人"。

请你成熟点。

有事情不要来找我，一天到晚最好都不要联系我。

不要对我撒娇，不要期待我会主动道歉。

不要问我讨礼物，不要追着我要亲吻。

遇到事情自己想办法解决，不要想着来麻烦我。

你这样很恶心很烦，你知不知道？

女生是很敏感的。当她感觉到你的潜台词，就会按你所想的变得成熟懂事。最后有一天，她也就不再爱你了。

以前我看过的一句话是这么说的：

你爱她时，才会觉得她傻；你不爱她时，只会觉得她烦。
她爱你时，才愿意对你傻；她不爱你时，比你妈都精。

没错，好的爱情是让彼此在对方面前做回孩子，没有防备，无须思考，用本能相处。

## ○ ●恋爱谈成这样，还有什么必要？

01 /

在微博看见一个帖子，标题是"女朋友不喜欢和我 AA 制，我错了吗"。

发帖的男生说，自己和女朋友在国外求学，恋爱一年，同居大半年，一直很恩爱。生活方面，房租和大部分吃的都是平摊，但是女朋友和她父母一直不太喜欢这样的做法。

为什么呢？

因为女朋友觉得，男女生来不平等，男方需要多付出一些；女朋友的父母觉得只有多给女朋友花一些钱，才能体现男人的责任感以及 对她的爱。

男生说，对于这样的看法，他很不认同。

因为他家庭条件不好，家里卖了房子给他读书。妈妈有糖尿病，还为了让他过得更舒服去外地打工赚钱。

所以他觉得父母养自己很不容易了，不想给他们增加额外负担。

"女朋友家里觉得我可以打工挣钱，但是学业繁重，我只想一心一意学习。每次我和女朋友说心里话，即使我挣了钱，也会先孝顺父母，因为他们养了我 20 多年不容易，她听完就很生气。

"我理解女朋友父母的感受，因为他们也是为了女儿好。但是我觉得谁都不能改变我的主意，一个男人顶天立地，孝顺父母应该时刻放在首位，父母也是我求学最大的动力。我错了吗？"

02 /

这篇帖子槽点太多，我居然无从吐起，总之看完后我的感觉就是穷就别恋爱了。

看上去挺孝顺的吧？一个男人顶天立地，因为父母不容易，所以不能给女朋友花钱。

可我想问问这位男生：

你家条件不好，父母还卖房供你外出求学，母亲有糖尿病，为了给你改善生活都能带病工作，可你因为"学业繁重"，所以不能打工赚钱……

哪一点体现了你的孝顺？嘴上吗？

平时房租吃饭一律平摊，说赚钱以后要先孝顺父母，因为"他们不容易"，好像未来女朋友就活该赚钱帮别人养儿子。

哪一点体现了你对女朋友的爱？也是嘴上吗？

不提他用孝顺父母来掩饰自己抠门的行为有多恶心，也不提他嘴上爱别人的套路有多虚伪。

今天我们就来聊聊：谈恋爱到底该不该 AA（平摊费用）？

03 /

试想一下这样的画面：你和你对象高高兴兴地出去约会。你俩吃了大餐，气氛很美好。酒足饭饱以后，你俩搂着出门。上一秒还情意绵绵的他突然开口了："刚刚吃饭花了 260 块钱，一人 130。你待会儿记得打我卡上。"

你会不会顿时跟吃了苍蝇一样恶心？

吃完饭，你们打车去看电影。你还沉浸在刚刚的恶心中回不过神，下车以后他又开口了："打车费一共 25，你给我 12 算了。"

这免掉的五毛钱代表了他对你的爱，他真的很"慷慨"。

进了电影院，你已经想回家了，不，严格来说你都想分手了。

他买了票过来，说一共 70，电影算我请客，你去买爆米花吧。

你看着他上下翻动的嘴唇，觉得他好像变成了一个大号的计算器，上面不停地变幻着各种数字，那是你们斤斤计较的"爱情"。

然后你伸出手按了一个键，有个女声说道："归零。"

此刻，你们斤斤计较的恋爱也归零了。

04 /

你们知道的，网上有很多这样的帖子。

*"男朋友不给我花钱，他还爱不爱我？"*

*"对象一直和我 AA，是不是抠门？"*

"生日没收到礼物，要分手吗？"

我一直相信一句话，爱就是一种本能。

爱是"不计算不衡量不斤斤计较，我们俩都想为对方付出一切"。

爱是"即使你想要天上的星星，我也会努力想办法摘给你"。

爱是无论如何，无论你做任何事，都只是想看到对方开心的笑。

爱是"我也不知道为什么，就是想给你花钱"。

要是在一起的时候，不是看着对方由衷地想微笑，而是在说爱你的同时，在心里算着刚刚那顿自己出了多少，你又该付多少，还非要把这种关系粉饰成爱情，也是有些可笑。

我想很少有女孩谈恋爱是想掏空对方。真的喜欢你的人，根本舍不得让你花钱。而如果你真的爱她，也不会每天衡量着自己出了几个钱。

所以，假如有人问我：铃铛，我可劲地对人家好，花了不少钱，而对方是那种连五毛钱都跟我要的人，咋整？

我的回答是：让他滚。

## ○ ● 刀子嘴不是豆腐心，刀子嘴就是刀子心

01 /

你见过的说话最恶毒的人是什么样的？

我和彦祖一起去爬岳麓山，在山脚下一家店里吃花甲粉。

小店不大，但围坐的人很多，彼此也隔得比较近。

当时我们随便找了个座位坐下。

对面突然来了一对情侣，看上去像大学生。

一开始我没太注意他们，只是埋头猛吃。

后来我隐隐约约听到两人在小声争论，大概内容是男生借了点钱给朋友收不回来了，女朋友很生气。具体的我也没仔细听。

一开始，男生还赔着笑脸，偶尔回几句。

后来女生情绪越来越激动，男生就开始不说话了。

这时候我好奇地竖起了耳朵。

男生的沉默好像更加触怒了这个女孩。

　　她越发暴躁了，压低了声音骂了男生一句。饱含愤怒的语句中间还夹杂着一连串人身攻击。

　　虽然声音不算大，但周围的食客应该都听到了。旁边有人频频侧目，而坐在他们正对面的我，当时感觉自己的冷汗都要滴下来了。

　　我偏了偏头，跟彦祖交换了一个震惊而恐惧的眼神，当然我眼中更多的是迷茫：怎么就骂起来了？

　　我抬头瞄了一下，男生黑黑的、瘦瘦的，脸上看不出表情，正一言不发地用筷子挑着粉丝。那些脏到我都听不下去的脏话，他好像一句都没听见。

　　我努力去体会他的心情。他应该是又尴尬又难过吧，只是残存的体面让他不知道该怎么反击。

　　我本来以为随便骂几句就算了，估计男的也是这么想的，才一直保持沉默。

　　没想到女孩根本没有停下来的意思，不仅越骂越大声，还伸手去推搡他。

　　男生终于憋不住了，低声说了句："你能不能闭嘴，我都吃不下去了。"

　　女生回答："你吃不下就别吃。"

　　过了几秒，她可能觉得还不解气，又补了一句："你不吃就给我滚！"

　　男生一言不发，把筷子一摆，站起身就走了。

　　我和彦祖直接吓呆了，跟两个小鸡崽一样，吃粉的速度都快了一倍。

男生走了以后，女孩开始看着那碗泡发的粉丝发呆。

慢慢地她开始抽噎，用衣袖不停地擦眼泪。

我当时感觉她很可怜，但更多的是解气。

不是你让人家滚的吗？

人家真滚了你为啥又哭了？

吃完出门以后，彦祖说她是刀子嘴豆腐心。

我撇撇嘴，所以呢？她男朋友就活该在公众场合面子扫地吗？

没人关心刀子嘴伤害了别人以后，自己有没有心碎。

毕竟当你看上去像个一点就着的炸药桶时，谁都不会心疼你的眼泪。

02 /

身边一个好朋友的妈妈，是个传统观念里贤惠能干的主妇。

她干活麻利，任劳任怨，不怕吃苦，人人夸赞。

朋友生完宝宝以后是全职，她妈妈偶尔还会来帮她带带孩子（平时在她哥家带大孙子），但朋友丝毫不感激她，还患上了产后抑郁。

为什么？我大胆摘抄几句她妈妈的经典语录。

1. 你读大学有什么用呢？还不是在家带小孩。

2. 赚不到钱还要靠老公养，我怎么生出了你这种废物？

3. 不看看自己胖成什么样了，你老公早晚有天出轨。

4.（某天买菜忘了买她交代的想吃的菜）你就是故意的，我怎么养出你这么个自私的白眼狼？

5. 你都 30 多了，还没一点出息。你看看 xxx 家的女儿……

6. （只要回嘴一句）你脾气怎么这么差，你怎么这么不孝，我当初就应该把你送给别人养。

7. 我是为了你好才跟你说的，别人不会（敢）跟你说这些。

我写在这里大家看了可能不觉得多有冲击力，但你把这些话循环播放 30 年看看。

折磨你的还是你的亲妈。你很痛苦，但又离不开。

朋友很多次听了这些话都直接情绪崩溃了，控制不住地摔东西发火，用头撞墙自残。

看到朋友疯了，她妈又怕了，嘟囔着她怎么这么"玻璃心"，说自己打击她是为她好，是为了激励她上进。

每每这时，她爸爸也会搬出那句耳熟能详的洗脑名言：

"你妈刀子嘴豆腐心，都是为了你好，她心地善良只是不会说话。"

听到这句我脑海中闪过这样一幅画面：

我走在大街上好好的，突然有不认识的黑社会冲出来砍断了我一条腿，我全程发蒙，抱着腿哭号，没找到机会开口。

突然这位兄弟停下了动作，仔细地看了我的脸 5 分钟，然后抱歉地说，对不起，我砍错人了。

不是故意的就能得到原谅吗？

那我的腿又做错了什么？

03 /

活到这么大岁数，"刀子嘴豆腐心"一定能排上我最讨厌的洗白言论的前三名。

刀子嘴真的是豆腐心吗？

不是。

在我看来，大部分刀子嘴其实都是刀子心。

偶尔发生一两次也就算了。

常年如此，对方就是为了逞一时口舌之快，就是为了自己爽，根本没有考虑听的人的感受。这是自私的人口不择言甚至故意攻击你时，为自己找的开脱的借口，甚至是免责声明。

我们经常听见别人说 xx 人不坏，就是说话不好听。

开口就是恶毒的话还不坏，你把好好说话的人放在哪里？

嘴巴那么毒，让人真的很难相信他的心能有多软。

恶意都能包装成直率，这对温柔多不公平？

我也嘴笨脑子直，也会说错话得罪人，但只要发觉别人不开心了，我一定会道歉并且改正错误。

这是正常人应有的举动吧？

至于那些整天把人身攻击当成玩笑的，侮辱了你还用"为你好"来粉饰的，开口就给你贴坏标签泼脏水，你不高兴了还说你小气的，别怀疑了，他们不是什么刀子嘴豆腐心，他们就是单纯的坏。

他们把自己内心无法消化的恶意，一股脑倾泻给你，把你当情绪垃圾桶，他们在别人那里受了气，就在你身上找平衡。

你也不要觉得对亲近的人口不择言就是能够被理解的。正因为他们爱你，才会被你伤害。

　　但一个人被伤害得久了，也是会有自我保护机制的。

　　他的办法就是远离你，无论是生理距离，还是心理距离。

　　到时候你怎么挽回都晚了。

　　"夏天的棉袄，冬天的蒲扇，风雨后的雨伞，心凉后的殷勤，就算得到了，也失去了原本的意义。"

## ○●分手之后才知道，原来还有这样的恋爱

01 /

跟朋友栗子吃火锅。她扒拉了半天碗里的肉，突然闷闷地说了一句话："铃铛，我分手了。不是他出轨了，也不是他抠门小气，而是他'太有原则'了。"

我一脸蒙："你开玩笑的吧？这也能成为分手的理由？"

栗子声音闷闷的："刚开始我觉得他是个很有原则的人，后来我才知道他的原则是用来约束别人的。

"你知道吗？上周我们俩吵架了。我还在一边生闷气，他居然直接跑到旁边打游戏了，好像完全没有受到影响，还跷着二郎腿抽烟哼歌。不知道你有没有体会过一拳打到棉花上那种使不上力又没处撒气的感觉。当时我就觉得自己的脑袋如同一个烧开的水壶，在呜呜地往外冒烟。我立马冲过去砸了键盘，跟他大吵了一架。"

栗子眼睛有点红："吵完我就哭了，因为我实在很委屈。我就说，

其实很多时候你哄我一下就行了，多大点事？你猜他说什么，他说：

'我从小到大都没有主动示好的习惯，我不会哄人不会安慰人。我就是这样的人，你第一天认识我？'

"他说得好像我从小就习惯了向别人示好似的。谁又不是小公主了？为啥每次都是我先低头？"

还有，栗子平时没啥爱好，就是喜欢去电影院看电影。她每次都让男朋友陪自己去看电影，但两人在一起好几年了他没一次愿意。每次他都说不喜欢，为什么你要逼我？

"这真的有点可笑，难道我就喜欢看球赛吗？我就喜欢看他的一群哥们喝酒吹牛吗？还不是因为他喜欢，我才努力地想融入他们想了解他们？"

栗子说着说着就开始掉眼泪。我手足无措地给她递上一张纸巾，她接过纸巾抽抽噎噎地继续说道："最重要的是谈恋爱到现在，我一次都没有碰过他的手机。我不是不想，而是不能。每次拿起手机，他都会遮遮掩掩的，背过身子解锁。我偶尔撒娇问他密码，他都会发脾气，说每个人都有自己的隐私，不让任何人碰手机是他的原则。他就是这样一个人，不会为任何人改变。

"这时候我总会怀疑，他到底爱不爱我。他要真爱我的话，哪来这么多的原则？"

02 /

我想，不少姑娘应该都有过这样的时刻。

说好的约会因为加班被取消了，吵架后对方从不会主动示好，异性朋友一堆还觉得这是正常交友，不愿意取悦你因为他"不会哄人"。

谁好意思为难人家呢？不然就落了"用爱来道德绑架"的把柄。

"我没有发朋友圈秀恩爱的习惯""我不喜欢旅游只想宅在家里""我不会因为女朋友而放弃红颜知己"……你也不能不高兴，因为"如果你喜欢我，为什么要逼我""我就是这样的人，你又不是第一天认识我！"

可这样一段如此坚持自我的恋爱，我不懂它的开始有什么意义。你这么不愿意为别人改变自己，可能你还是更适合和自己的灵魂在一起。

在爱情里太讲原则的人，都显得不那么体贴。因为爱情本来就是一件没那么理性的东西。

那诸多原则，不过是仗着对方不会离开，所以自私懒惰到不想用心而找的理由。

这样的时刻多了，你自然觉得心越来越冷，看着他觉得他越来越陌生，也感受不到一点他对自己的在乎，你只是在演独角戏，在无穷无尽地单方面付出。

要知道，离开从来不是蓄谋已久，只需要每天的一点点冷，开心的时刻报以冷淡，热情的时候报以冷漠，伤心的时刻回赠冷暴力。

感情里最让女生心冷的，就是我为你改变了全部，你却不愿意迁就我半分。

03 /

一段失败的恋情最可怕的，就是摧毁了一个人的自信。

栗子也一度自卑，怀疑是不是自己不够好，所以才不值得他迁就自己，为自己受委屈。

可当她真的分手了，找了新男朋友以后才知道：有时候不被温柔对待，并不是自己的错。可能只是对方不够爱不懂爱，或者不适合自己。

这一次，她再也不会因为逛街跟男朋友吵架了。因为这个男生会坐在商场的凳子上，笑着对着试衣间里的她挤眉弄眼。她也不会再为生气吵架了谁先低头而烦恼，因为闹不到5分钟，看到他凑过来的鬼脸她就会"破功"。

他会说女孩不能喝凉的，要懂得养生，所以每天早上，他都会提前10分钟起床，给她倒一杯温热的蜂蜜水；每天晚上，他也会冲好一杯助眠的热牛奶，再强迫她喝掉。

她再没了以前那种张牙舞爪、怨气冲天的样子，变得温和、淡定，眼角眉梢里都是暖意。

她更加温柔，也更加体谅对方了。逛街可以和闺密去逛，但是她需要知道对方是愿意为自己付出时间成本的；吵架也可以自己先低头，但是她需要知道对方是在乎自己的。

一段好的恋情，从来都不是充斥着"各种原则"。那些都是借口，都是掩盖自私和不够爱的借口。

"分手之后，我才知道原来还有这样的恋爱。可惜我后来才发现，这些我曾经以为的奢望，不过是感情里最简单的要求罢了。"

爱就是贪痴嗔傻疯，原则性太强，爱会稀薄很多。毕竟比起对方，你的感受更重要。可两个人在一起，除了成长，最希望的不就是爱的人开心吗？

爱从来就不是两个正方体互相取暖，而是我们彼此都削掉棱角，变成一个半圆，再合在一起，凑成一个完整的圆。

我想爱情的意义就在这里，总会有一个人的出现打破你的原则，改变你的习惯，成为你的例外和唯一。

## ○●高考以后说分手

我看到过一个真实的故事。

我 2016 年参加高考，文科，分数 568（超本科线 17 分）。男朋友也是文科，分数是 570。我们两个名次相差 333，我们姑且理解为一分相差 166 个人。我们报了一模一样的志愿，主要目标是本省的 211 大学（历年录取线刚好卡在一本线），我们开始畅想有彼此的大学生活。

很快，录取情况下来啦，本省的 211 大学的录取线是 569 分。我被第二个志愿录取了。

你现在如果在上课，老师或许还会跟你说，提高一分，干掉千人。我告诉你，在我这一分数段内，一分，虽然只相差了 166 人，但这一分，是 1900 千米的距离，是 1000 块钱的机票，是 3 个小时的飞行时间，是 4 年的思念和一辈子的遗憾。

01 /

"分手吧。"

听到这句话的时候，秋秋正穿着薄睡衣，在寝室门外的走廊里徘徊，因为怕打电话吵到室友。

她的脸紧紧贴在已经发烫的手机上。明明是热得睡不着的夏夜，她却如坠冰窟，浑身瑟瑟发抖。

她疑心自己听错了，声音发颤地再问了一次："你说什么？"

那边的人沉默了，好像沉默了一个世纪那么长，之后却更笃定了："我说，我们分手吧。太远了，我只想要个能陪在我身边的人，我真累了。"

电话那头的是她的男朋友，现在，已经是前男友了。他们从高一就在一起了，高三那年，他们曾约定报考同一个城市的大学。就因为高考时看错了一道大题，她与第一志愿失之交臂。

他和她，分别去了相隔1000千米的两所大学。之后两人分别入学、军训，认识新同学、新朋友。

人的心态总是会变吧，大学生活真的和高中苦行僧般的生活不一样。喜欢的人不在身边，陪伴的机会少了，感情自然就淡了。

谁不会这样呢？

最需要照顾的时候，陪在他身边的不是她。快乐需要分享，悲伤需要抚慰的时候，陪在她身边的也不是他。

摇摇欲坠地支撑着两个人的，只有那点翻来覆去咀嚼的回忆。总有一天，他们也会没了谈资啊。

所以跟每对异地恋的情侣一样，他终于按捺不住先提了分手。好在他还是那么坦诚，起码没有因为害怕舆论，而选择用冷暴力结束这段感情。

秋秋毫无招架之力，甚至连挽留的勇气都没有。因为她也早有预感，总有一天两人会分道扬镳。

她挂了电话，听见心在胸腔里碎掉的声音，然后回了条短信：好。

你问后来怎么了？当然是她有了新的男朋友，听说他也有了女朋友。

"读书的时候，老师总对我说，高考是决定人一生的分水岭。我那时候不信，觉得他说得很夸张，可是现在我信了。"

"如果我当初做对了那道大题，现在陪在你身边的，会不会是我？"

02 /

五年之后，小越都还记得高考前最后一次早自习的情景。

那时候大家好像都没什么学习的心思了。很奇怪，好像越临近那场决定人生的考试，大家越不懂什么叫紧张。班上有嗡嗡的说话声。

靠窗坐的她和同桌，趴在堆得几乎比人还高的书本后，隔得很近地在讲悄悄话。

他眯着眼，在说自己打算高考以后去旅游的事情。她也眯着眼，出神地看着喋喋不休的他。

后来的五年里，她再没见过那样的阳光。那阳光像瀑布一样从窗外倾泻进来，亮得她晃了神。她呆呆地看着他脸上金色的绒毛，还有他往外冒头的稚嫩胡茬。

她突然有点想哭，为这个喜欢了三年的人，为那个提不起勇气表白的自己。

她知道他的一切。他喜欢 Beyond，偶像是 C 罗，生日在冬天，住在两边种满梧桐树的街。暗恋这个秘密，不知是幸运还是不幸，他从未察觉。

我那么喜欢你，却只能绝口不提。

你不知道，学生时代的喜欢是多珍贵的东西。那种酸甜苦涩，只有青春里的人才知道。经历过那几年的沉默不语，我们都学会了喧嚣，学会了没脸没皮。

有人说，最心酸的，莫过于校服是我和你穿过的唯一的情侣装，毕业照是我和你唯一的合影。最心酸的，莫过于为了能拥抱你，我拥抱了整个班级的人。

从此以后，山高地远，从此以后，不复相见。

"如果当初在毕业前，我有勇气说喜欢你，那么现在，我是不是就不会那么后悔，也不会那么遗憾了？"

03 /

在小东和晴子的故事里，谁也没先说出那句"再见"。

他们彼此渐行渐远，心照不宣。

高一，小东给晴子表白了，用了半个月的积蓄买花和蜡烛。晴子红着脸点头，他抱着她转了十几圈。

高二，晴子和小东约会，被班主任抓到了。班主任说小东带坏了晴子，要告诉他的家长。晴子哭着去求情，发誓自己不会落下学习。

高三时，他们俩在午后无人的教室里，聊了许多以后。晴子眼睛发亮地说，我们以后要把房间都涂成我最喜欢的天蓝色，再生两个孩子，再养一条狗。

小东总微笑着，也不说话，只是摸摸她的头。

因为他明白，以两个人成绩的差距，他们不知道还有没有以后。

现实总是残忍的。

高考之后，晴子如愿上了北京的一所211大学。小东呢，不管之前再怎么死命地赶，罗马也不能一日建成。他的分数惨不忍睹，只好留在本市找了份清闲的工作。

后来的情节，大家都能猜中。一个在大城市挥洒青春，一个在小城镇混沌度日。两人的思想差距越来越大，共同语言越来越少。

晴子也努力过。一开始，她每天给他打电话，说学校里的趣事、新认识的朋友。小东却敷衍着，自尊心慢慢被消磨掉。

他觉得自己没用，再也配不上她。一个是光芒四射的名校大学生，一个是高中学历的打工仔。

何况他有什么能和她分享的呢？除了庸俗不堪的同事，就只有疲惫至极的生活。

有句话是这样说的，"如果你没法渗入她的生活，那么你就会慢慢淡出她的生活"。

小东想，大学里的男生和自己一定不一样吧？他们更有前途更有内涵，和她更有共同语言。

他们可以一起去食堂吃饭，一起去图书馆自习，一起去约会，相互陪伴。

她那么优秀，而我呢？我只能觍着脸厚颜无耻地说，我有一颗爱你的心。

爱能当饭吃吗？

后来，小东开始慢慢地不接晴子的电话，不回信息，好像消失在她的生命里了。

她也歇斯底里过，可是有什么用？她也有自己的学习、自己的生活。

慢慢地，她也不再找他了。

半年后，当小东加了一天班，回到逼仄的屋子里，泡好面时，看见晴子在 QQ 空间里发了她和一个男生的合照。

她笑得那么甜，跟当年在高三教室里的她不差分毫。当时他哪里想过，这样的笑也会属于别人？

"我们以后要把房间都涂成我最喜欢的天蓝色，再生两个孩子，再养一条狗。"

他转头看了一眼旁边粉刷成天蓝色的墙壁，突然喉头一哽，鼻子发酸。

"如果我当初能努把力，多为彼此想想以后，那么我们是不是就不会走到今天？"

后来我在网上看到这样一段话。

高考的吊诡之处不在于如愿以偿，而在于阴错阳差。

如果那年，我们多对或者多错两道题，那么现在会不会在不同的地方，认识完全不同的人，做着完全不同的事？

我们总会做这样的假设：

如果当初我选择了表白，之后和你在一个城市，我们会不会走到一起？

如果我能努力一点，努力不被你甩太远，是不是我们就不会分手了？

如果当初我放弃了那所喜欢的学校，会不会我们的孩子都出生了呢？

如果当初我少做了两道大题，你的新娘会不会就是我？

但是人生，哪里有那么多的如果？

我们从不知道自己的每一个选择，会带来怎么样的蝴蝶效应；也不知道自己走的每一步，会招致什么样的结果。

也许，即使大学在同一个城市，彼此还是会因为周遭的诱惑而分手。

也许，即使当初少做了两道大题，你还是会喜欢上别的姑娘。

也许，即使没有高考这个东西，我们也会因为其他的事情而分道扬镳。

年少时的感情，纯粹，不掺杂任何利益。但就因为它纯粹，它才容易被现实击碎。

后来我们再也不会有这样的感情了。那种朦朦胧胧的爱恋，那种奋不顾身的感情，那份为了对方愿意压上前途的冲动，那时的我们义无反顾，像个没有智商的傻子。

那种感觉，只有 18 岁的时候才会有。

出了校园，我们才知道世界那么大，大到我们再也没法遇见。

可是不管怎么样，我们都要往前走啊。我们跳上那列向前疾驰的列车，连声再见都来不及说，只能在心里默默地说一声：谢谢你，谢谢你来过，谢谢你在我最美好的时光里，陪伴过我。

## ○●闺密一直碰壁，怎么办？

01 /

我的微信黑名单里，静静地躺着一个人。

她曾经是我无话不谈的朋友。

那年她又一次打算从新公司离职。公司领导本来对她不错，后来却不知道怎么的给她穿起了小鞋。

此前她已经换过三份工作了，每次都以不欢而散告终。

她怒火中烧地找过来时，我正在赶一份很重要的稿子。但看她情绪激动，我还是放下手头所有的事认真听。

她终于说完了，我逐字逐句地看了聊天记录，开始给她仔细分析：为什么领导会对她产生意见，她工作中还存在哪些问题，办事风格有哪些缺陷。

我以为自己在掏心掏肺，没想到屏幕那边的她勃然大怒。

她觉得我是在她伤口上撒盐，明知道她很受挫还在挑她的毛病，便开始口不择言地撂狠话。

我也怒了，我放下所有事情试图帮你分析和解决问题，你怎么不识好歹，反而生我的气？

一番激烈的争吵后，我终于崩溃，把她拉进黑名单，随即大哭一场。

信息时代的绝交就是这么彻底，你原本以为很亲密的人，实际上只要拉黑了微信，从此便与你不会再有任何的交集。

几年了，我偶尔会听说她又换了工作，也换了城市，交了新男朋友，过得好像不错，但我们再没有联系过。

人和人走散就是这么简单，有时候死心只需要一场突如其来的争吵。

在之后很长的一段时间里，我都会不断地想起这个曾经的朋友，想着我们到底是怎么分开的。

可能就是沟通不够和认知不对等吧。

在当时的我看来，作为朋友，我有义务对她进行提醒和教育；但站在她的角度来看，我是在进行人身攻击。

02 /

前不久，我看到这个话题：闺密碰壁，怎么办？

在上面的绝交事件发生之前，我一直觉得该踩。

如果对闺密都只能粉饰太平，那这"闺密"二字的含金量也太低了吧？

直到拉黑这个朋友以后，我才慢慢发现一件事：并不是每个人都能接受你的心直口快。

就像我曾经发过的这条微博：

很多人来找你倾诉，并不是为了找到多好的解决办法，更不是希望从你嘴里听到指责，而是谋求认同和共鸣，以及从你这得到一点点鼓励和温暖。

我那位朋友真不知道自己工作上存在的问题吗？未必。

这就像很多人谈恋爱时不知道对方很渣吗？也未必。

大家都是成年人了，不是不谙世事的小白兔，很多事情心知肚明。

即使她真的不知道，这些也不是你在她最脆弱的时候能说的话。指责她可以以后有机会再做。现在她在对着你掉眼泪，你最应该做的不是给她个拥抱吗？

作为闺密，在全世界都背弃她的时候你还在说她的不对，你到底是她的闺密还是她上辈子的仇人啊？

有些话一旦说出口，就只能被原谅，而不会被遗忘。

03 /

做个温暖的人，要比做个刻薄的人难得多。

好朋友找工作碰壁，你说她学历低能力差，不如对她说没关系我养你。

她并不会真的要你养，但女生的友谊珍贵之处就在于：敏感体贴的女孩，能给予朋友的最大的支持往往是精神上的，这样的态度会让对方汲取到继续努力的力量。

鼓励和行动上的帮助才能让一个人进步。如果只是语言上的抨击，你不仅没办法帮她树立自信，还有可能让她一蹶不振。没有人真觉得自己是完美的，刻意的打击比起帮助更像是敌意。

如果她遇到感情上的挫折，也请你先安慰她再跟她分析问题。她跟你说她分手了吵架了不是为了听你说她哪里不好，而是需要一个可以被眼泪浸湿的肩膀和一个贴得很紧的拥抱。

朋友是什么呢？朋友是并肩前行却没有血缘关系的亲人，而不是拿刻薄当直率，居高临下的老师。

你需要做的，只是静静地陪在她身边。

什么才是真实的朋友？在铃铛看来，朋友应该互相取暖，在行动上帮她进步，而不是在她遇到挫折的时候，一味地说她的缺点，教她怎么做。

我们怎么确定自己的行事方法和看事情的角度就一定是正确的呢？你没有经历过她的痛苦怎么有资格评判她？朋友之间是平等的，陪伴和鼓励是最好的办法。她有自己的生活，也有自己的路。

## ○●后来，我们只会在朋友圈点赞了

01 /

有天晚上我热得睡不着，在床上翻来覆去地"煎饺子"。

我穷极无聊拿起手机刷微信，发现一个很久没联系的朋友在朋友圈宣布自己脱单了。

"终于等到你，还好我没放弃！"

一张张翻着她和她新男朋友的九宫格自拍照，我这张大脸都不自觉地泛起微笑。

前两年，我跟这个朋友关系挺好的，经常一块逛街吃饭。自从她去了外地上班，有了新圈子新朋友，不知道是谁先疏远谁的，我们心照不宣，联系越来越少，直到完全没有。

可看到这条状态，我还是由衷地为她高兴。我下意识就想发条评论：真幸福啊，为你高兴。

可在对话框打出整个句子时，我又犹豫了。

好几年没见面了，平时也不怎么联系，这时候的祝福会不会显得太过于突兀了？我都能想象到屏幕那边她惊诧的表情和搜肠刮肚要如何回复的尴尬。

算了，太"尬"了，我都替她感到"尬"。

纠结了半天，叹口气，我最后只点了个赞。

02 /

用微信这么多年，我渐渐发现一件事。

以前我们会在朋友圈里长篇大论地用评论聊天，现在却只会在深思熟虑之后点个赞。

有人说，这是因为微信好友越来越复杂，列表里有越来越多的陌生人，不知道谁和谁又是共同好友，害怕隐私被窥视，干脆就不互动了。点个赞代表我还活着，还记得你。

也有人说，因为真正的朋友都不在微信朋友圈里，点赞只是出于礼貌，用来维持表面的人际关系。现实生活中的友情不需要用网络互动来续命，生活有多精彩也从不是用有多少评论来证明的。

其实对很多人而言，点赞就好像是我们在社交网络里溺水时抓住的最后一根救命稻草。

因为这是唯一一种，不需要任何反馈来表达好感的方式。

也许你曾经在朋友圈给喜欢的人评论，几次都没有收到回复。那种从忐忑、期待到有点失落的心情你再也不想有了，但你还是像仰望太阳一样地看着他。

所以之后，你就只敢默默地点个赞。

也许你曾经在朋友圈里给自以为关系不错的朋友评论，却发现对方跳过你直接回复了别人。你会不解、懊恼、失望、生气、难过，暗暗发誓以后再也不要理她了，却还是在她下一条动态下心软地点了个赞。

也许你曾经在朋友圈给新认识的好友评论，套近乎，却发现过了很久对方也毫无反应，那一条评论就好像投进湖中的石子，竟没有激起一丝波澜。你觉得窘迫难堪，甚至厌恶起有些谄媚的自己，却还是在偶尔刷到她有趣的朋友圈时，乐不可支地点了个赞。

因为点赞是单向社交，评论却要等待回应。这种霸道总裁式的"已阅"，帮脸皮薄的我们保留了一丝体面。它里面藏着许多话：我关心你、我记得你、我在乎你、我喜欢你……唯独没了当初评论的积极和勇气。

03 /

那句话是怎么说的？

没人喜欢孤独，不过是受够了失望罢了。

所以当一个人频繁地给你点赞的时候，你可能不知道他从点赞到回复积攒了多少勇气，也不知道他从回复到点赞经历了多少失望。

感谢微信这个伟大的发明，可以让人卑微又骄傲地表示"我喜欢你"。

我再也不用害怕自己的殷勤给你造成困扰了，也不用害怕面对收不到回复的失落，更不用害怕面对你只回复别人的丢脸。

毕竟字斟句酌了很久的评论发出去后，却一直没有任何回音，那种感觉不亚于被扒得精光，赤身裸体地站在人潮汹涌的大街上。

要是我遇到了这种事，我会在一个夜深人静的晚上，偷偷摸到对方的朋友圈里，找到那条评论，再咬牙切齿地把它删掉。

为什么后来我们只会在朋友圈里点赞了？

也许我们不光是懒，怕麻烦，也不光是因为朋友都从朋友圈里一个个消失了。

也许我们只是意识到，那些你笃定自己评论了对方就一定会回复的人，已经越来越少了。

请珍惜那些只会在朋友圈里点赞的朋友。

他们如果不是社交达人点赞狂魔，就是在乎你，却有一颗敏感脆弱的害怕受伤的心。

## ○●你有没有等过一个人的消息？

01 /

你有没有等过一个人的消息？

一开始，你拿着手机不停地刷，看一万遍他的微信朋友圈，不敢打电话，怕他在忙，也怕他觉得你太黏，也不想发微信，因为每次都是你主动。

偶尔消息来了，即使正在洗澡，你都会湿漉漉地跑出去，擦干手拿起手机看一眼。可是每一条信息都不是他发来的。

你也不是没有抱怨过，为什么你们一天都不会相互联系，他很不耐烦地回答，感情不是靠发微信打电话证明的。

后来，你学会了实在想念他的时候就死皮赖脸，还能忍耐的话，就自己熬过独处的时光。

当他不理你时，你甚至会刻意努力让自己忙起来，因为这样你就没空想他，也没空看手机了。你受够了每次打开微信时都收不到他的消息，也受够了胡思乱想，猜测他正跟哪个女孩开开心心地在一起。

他不找你不是因为他忙，而是因为他也在和别人聊天。

他不找你也不是因为他不喜欢社交软件，他的微信其实时刻都在线。

这就是很多女孩在恋爱中的状态——虽然喜欢你，可是我真的好累。因为主动的一直是自己。

那我还要不要继续喜欢你？

02 /

小月说，她就谈着这样一段恋爱。

刚在一起的时候，她每天都非常开心，一个小时没见面都会疯狂地说想念，甜言蜜语就是每餐的饭后甜品。可是后来，这段恋爱却让她越来越累。

"现在总感觉他没那么喜欢我了。找他约会，他也会出来，但是他从来不会主动约我。给他发微信，他也会回，但是他平时就算是打游戏也不会找我说话。送他礼物，他也会收，但是他从不会主动准备惊喜。找他太频繁了他还会嫌烦，说我给他造成了负担。

"有时候我甚至觉得，自己对他而言，就好像是他无聊时候的消遣，最好他需要时就出现，他不需要时就消失。之前他不是加班嘛，我看他老没时间吃东西，就经常做好饭给他送过去。想他的时候，我也会去接他下班，顺便看他一眼。这在恋爱里应该是很甜的举动吧？但他居然说我能不能让他一个人待着，别老去烦他！

　　"可问题是如果我不去找他，他也不会来找我啊！我只能忽略他的被动，靠用力燃烧自己去维持这份感情。有时候我都会想，如果有一天我决定不主动了，我们可能就会分手吧。"

　　一段很累的恋爱是什么样的呢?

　　是你发现这段关系，永远需要你主动维持才能继续下去。

　　发生矛盾了，永远是你主动示好你们才会和好。

　　普通的要求竟也需要你撒娇任性，才能得到满足。

　　争吵冷战，一闹就是一两个月，磨合不了。

　　你为了赶走他身边的莺莺燕燕心力交瘁。为了让他能多体贴你一点，你歇斯底里，像个路边的乞丐，乞讨他施舍给你一点点的爱。

　　百般迁就的永远是你，坚持"原则"的永远是他。

　　你为了他丢掉自尊，丢掉矜持，丢掉原则。与其说是在谈恋爱，你反而更像在供个祖宗。可即使你一步步退让，他也依旧画出无数不让你跨越分毫的底线。

　　感情在一次次的疲惫中被一点点消磨掉，到最后相处居然比搬砖还累。好好的一段恋爱谈成了你心里的一场拉锯战，大家就这样玩着"谁更喜欢谁，谁就输了"的游戏。


03 /

　　后来呢，有些人在筋疲力尽里先离开了，为了保命。

　　可是因为之前耗费了太多的元气，他们再没有勇气触碰感情了。

　　有些人就算奄奄一息也不想放手，因为执念。

　　但这就像两个人拉着同一根紧绷的橡皮筋，谁后松开，谁就会痛。

最可惜的莫过于什么？莫过于在青春耗尽的前夜，因为爱上错的人，对爱情的憧憬和美好记忆都灰飞烟灭了。

所以，什么样的恋爱一定要分手呢？

如果是那种让你觉得心累多过于幸福的感情，不如就放手吧。

一段应该放下的感情，就是不管怎么样你好像都只能感觉到自己，就好像交朋友永远是你在结账，出去玩永远是你在操心。

对的关系，也许一开始会很累，但越往后，一定会让你觉得越来越轻松。

就像一双质量很好的新鞋，也许刚开始你会觉得有点磨脚，但它一定是越穿越舒服的。

它不会让你有患得患失的不安全感，不会让你处于仿佛没有尽头的冷战与争吵中。

它不会让你跟他暗地较劲：谁付出多一些，谁联系少一些。

它更不会让你努力找一切他爱你的证据，让你从细节上试图说服自己，让你努力给自己洗脑：他只是内向，只是慢热，只是不懂得怎么爱人。

因为爱这种能力天生可习得，就连3岁的小孩都懂得用棒棒糖讨好喜欢的女生，喜欢你的时候就想要黏着你求抱抱。他又不是没有心，怎么会不知道？

他不是不主动，只是他的主动不是给你的；他也不是不喜欢你，只是比起取悦你，他更爱自己。

○● "你这样，这辈子别想结婚了。"

前几天有读者跑来问我："铃铛，我觉得你和彦祖太幸福了。我每天看你的朋友圈，觉得你们的婚姻简直是我梦想中完美的婚姻。可我男朋友好像不适合当老公，对我一点也不好。我们老是吵架。他不陪我逛街，也不给我买包。你说，我要不要和他分手？"

听完后一脸蒙的我，这时才发现，经常秀恩爱的我，给大家造成了多大的误解。

婚姻应该是每天你侬我侬、男耕女织、情意绵绵、繁花似锦吗？你要是真这么想，大概这辈子都很难结婚了。

01 /

吵架就一定要分手吗？

首先，大家不要对恋爱和婚姻有太高的期待。

有句话是这么说的，"在这个世界上，即使是最幸福的伴侣，一生中也会有 200 次离婚的念头和 50 次掐死对方的想法"。

你觉得所有人的恋爱、婚姻都比你幸福？那是因为人家吵架了不好意思发朋友圈罢了。

就拿我和彦祖来说吧，我们平均 3 天要"撕一次"，5 天要干一次架，一个月我要号啕大哭一次，两个月他默不作声冲出大门一次。

刚开始恋爱的时候，我觉得天都要塌了！天啊，我们居然会吵架！我们之间的爱情消失了吗？我们要说拜拜了吗？

可是 10 年过去了，现在的我已经无比淡定了。每次吵完以后，我觉得肚子饿了，抹一把眼泪问他，出门吃夜宵吗？因为我们心里都知道：吵架也是一种沟通。要知道隐藏在狠话下面的，都是平时说不出的心情。

很少有夫妻是不吵架的，摩擦是人生的常态。还能吵起来，是因为你们还在乎彼此。

最重要的是，即使闹别扭一万次，我还是想要和他在一起，因为开心的日子多于不开心的日子，这就是爱情。

02 /

你真的像你想象中的那么优秀吗？

"他没多少钱，也没房没车，我觉得他配不上我。"

"她不好看，没有大胸细腰，比我前女友差远了。"

每次看见这样的言论，我都会翻个白眼，谁谈恋爱不是王八看绿豆呢？你装什么大尾巴狼？

有句话说得挺对的：一段关系之所以能确定，一定是彼此实力不相上下，没有什么高攀低就。

不然，你们早分手了。

恋爱、结婚又不是扶贫，即使是看上去实力再悬殊的伴侣，也会在某个你看不见的地方达到平衡。

而且很多时候，在一段关系里快不快乐，不仅取决于你找了个什么样的对象，也取决于你是个什么样的人。

我见过在大街上被男人甩耳光的女人。她看上去很可怜吧？如果没有看见前半段，她骂男朋友的妈妈是个傻娘们，还对他拳打脚踢的，我也会很同情她。

爱情和婚姻，考验的也是对人际关系的经营。

有种人就是能勾出伴侣心中隐藏的阴暗面，可能是因为她咄咄逼人，可能是因为她懦弱可欺，可能是因为她怀揣着一颗圣母心，觉得每个浪子都会被自己拯救，自己永远是最幸运最特别的那一个。

如果每次遇见渣男的都是你，那么到底是谁的问题？

03 /

人性很复杂，看人永远不要只看一面。

人有绝对的好与坏吗？不一定。

就拿男人来举例子：今天你看见他在饭桌上喂我吃菜，就觉得他是个难得一见的好丈夫，要把他供起来；明天你看见他和我吵架转头就走，就觉得他是个丝毫不心疼人的渣男，要游街示众。

这样是不是太武断了？

一辈子很长，一件事、一句话不能代表任何东西。每个人都有失控、偏激、情绪低落的一面，也有积极、"拉好感"的一面。用这些来定义一个人太狭隘了。

如果你希望有一个对你百依百顺的伴侣，每天都过得好像在游乐园里一样幸福，除了把对方丢掉，那你只能永远谈恋爱，永远在找下一个人。因为没有人能满足你的需要（除非你有用不完的钱给他花）。

喜欢一个人，就一定要相信和包容他，也要接受生活中有不开心的一面。要想长久地相处，就不可能永远都处于热恋期。

你不是高高在上的王子公主，没人有耐心有义务一直给你喂糖。

对方不完美你就要分手吗？不满足你的需求就是不爱你吗？

这是不成熟的人独有的恋爱逻辑。

好的爱情，从来不是1+1，而是0.5+0.5。

学会接受不十全十美的自己和不十全十美的伴侣。

学会接受要契合得好，总要削掉一部分的自我。

## ○●她不爱你，也许就是爱情最美好的样子

01 /

写这个故事的初衷，是前几天，我看见我的一个朋友在朋友圈低价甩卖二手家具，以及她精心装修的婚房。

我很震惊，因为那是一对大家公认的神仙眷侣。

女生就是这个朋友，叫饺子，脸圆圆的，长得很可爱，性格也很好，反正我从没见她发过脾气。

男孩子叫花卷，虽然长得看起来就让人不放心，却是我见过的男生里为数不多的深情之人。

每次聚会吃饭，花卷全程给饺子烫碗，夹菜，两人窃窃私语。

大家一起玩游戏，花卷从始至终眼神黏在女朋友身上，目不斜视，其他异性对他来说都是空气。

彼时，他俩在我眼里，用一句最俗气的话来形容，大概就是"爱情最美的样子"吧。

之后几年，我们联系得并不多，但我偶尔也在微博上看他们的动态。

两人一起养了两只猫，一起努力供了一套房。房子里都是饺子喜欢的布置，从窗帘到床都是粉红豹花样。

两人手牵着手头抵着头拍照，一起度过春夏秋冬，微博经常更新甜甜的内容，让人看了都忍不住嘴角上扬。

后来我也从朋友口中听说，一开始花卷家里不太同意他俩在一起。花卷还为了女朋友跟父母大吵了一架，断了联系。他父母无奈，只好接受这个未来的媳妇。

我一直以为他们是要结婚的，毕竟花卷看起来那么喜欢这个女孩。

结果没想到，他们在 2020 年的末尾干脆利落地分了手。

02 /

我找饺子的朋友打听了才知道：他们分手的导火索，是一个阴魂不散的前女友。

最早两个人在一起时，这个前女友就疯狂地给花卷打电话要求复合。

求复合不成，她又通过微博上的蛛丝马迹，追到了他们定居的城市，在隔壁小区租了房子。

她经常制造偶遇不说，还得寸进尺，跑去花卷的公司应聘，还成功入职了。

但分手的真正原因，却不是前女友的死缠烂打，而是在这期间，花卷没有任何的反抗动作，甚至看上去很享受。

他接了不止一个求复合的电话，也没有把前任拉黑。

每次在小区偶遇的时候，他虽然不回应前女友的招呼，但也会微笑。

前女友成为新公司的同事后，他不仅不保持距离，还被饺子不止一次地发现下班后让前任搭顺风车，工作时间他俩互相发可爱的表情包，他应她的要求给她带早餐……

两人开始频繁地吵架。饺子问他是不是还忘不了前任，不然为什么不能彻底断了联系，两个人非要牵扯不清。

花卷反问，分手了就一定要做仇敌吗？难道他就不能有自己的异性朋友？

这种明显被渣男用烂了的理由，就像通宵未归还洗过澡的丈夫对你撒的谎，他说他只是去喝酒了，喝完跟兄弟在宾馆睡了一觉。你愿不愿意信，取决于你还想不想维持这段关系。

自私的男人总是有很多的异性朋友。她们中的任何一个都比另一半的地位高，她们中的任何一个，在男人的生命里都有优先权。

他们宁愿女朋友伤心，也不愿意"朋友"有一点不高兴。

打着朋友的旗号保持暧昧都是陷阱。进一步是你小气，退一步你成傻逼。

原来所有人都以为的神仙眷侣，其实是花卷和前女友这对老情人。他的确深情，但他的深情不是给一个人的，他对前任心软，其实他比谁都心硬。

只有饺子，像小刺猬一样，对他露出了肚皮，结果被他狠狠捅了一刀。

他捅了她一刀还不够，还要在伤口上死命地转圈，一圈又一圈，一圈又一圈。

凶手恶狠狠地握着匕首，问你知道错了没？你鲜血淋漓地跪着道歉，脸上还要保持微笑。

你原本以为自己拿的是大女主的剧本，演到半截你死了，才知道自己不过是个跑龙套的。


03 /

我已经很久没有写情感文了，因为我觉得生活太严苛了，大家都在想着怎么才能吃饱饭，没人想整天看你说情情爱爱的。

但饺子的委屈让我心里一颤。

爱确实不能让人吃饱饭，但开心的时候它能让人胃口大开，多吃两碗饭，伤心的时候它也能让人滴水不进，再也咽不下一粒米。

人类的终极需求是安全感，是被爱。

前几年看《后会无期》，里面有句台词是这样说的：喜欢是放肆，但爱就是克制。

当时我琢磨了很久不理解这句话是什么意思，后来我才想明白了，你爱谁，就一定要克制自己的控制欲、猜疑心、期待感，不然你很有可能会失去他。

问题是没人告诉你，这个人到底值不值得你去克制自己？

我以前写过一句话——感情是自然界最残忍的弱肉强食，你爱得多，就会露怯，露了怯，你就会被坏人拿捏住。

你说你为他付出了多少？没有用，弱者割自己的肉上供，强者会对你有一丝的感激吗？

不会，他只会觉得，哇，你好像一条狗。

除非他喜欢你，你比他更强更有选择权，不然你就像粘在他腿上的泥。当他注意到你了，就会露出嫌恶的表情，迫不及待地想甩掉你。

这我都能理解。

但仗着在一起了就肆意践踏别人的底线，还把他的真心扔在脚下狠狠地踩，再往上面吐一口唾沫，这就真的太恶毒了！

以前微博上有句很"非主流"的名言，被很多男的奉为金句。

那句话说女人是没有爱的动物，谁对她好，她就跟谁走了。

我倒觉得这句话的男生版本，应该是"男人是不需要爱的动物。谁能给理解、空间、面子，他们就爱谁，哪怕这些理解、空间和面子都是装的"。

反正他们看不出来，也并不在乎你是不是装的。

所以女的想被爱得多一些，只能做个演技派，演投入，演大度，演不吃醋，再换换语气，把所有的撒野粉饰成撒娇。

懂事得面面俱到，只要不喜欢对方都能做到。

她不爱你，才是爱情最美好的样子。

因为只有她根本不爱你，你才会爱她久一点。

○ ● 我跟相处十年的朋友闹翻了

01 /

前几天，我跟一个"朋友"在微博闹翻了。

我们闹得很厉害，基本上算是崩无可崩，这辈子都不可能再缓和关系了。

为什么闹？

因为跟她认识的这十年，是我最黑暗的十年。

她热衷于攀比，我俩 80% 的聊天内容都是她赚了多少钱，买了多少包，父母送了车。别人越缺什么，她就越积极地展现什么。

她有事没事就贬低我的外貌，说我脸大、胸平、屁股扁、长得老，同时说自己身材好、脸小、长得漂亮，让我莫名其妙自卑了很多年。

她反复无常，被她打击过的闺密，过几天又和她亲亲热热地走在一起。当然她也会在别人面前让我难堪得下不来台，但她私底下对我还不错，对此我很困惑。

但这些都只是餐前甜点。让我直接跟她闹崩的硬菜是她是彦祖所有的朋友里，最让我介意的异性好友。

简单来说，就是她明明是他的女性朋友，却把自己活成了他的"女朋友"。

我实在不太喜欢她，却因为我们都在一个圈子里不得不继续和她相处。

可时间久了，我的情绪总要有个出口。

我就开始跟她较劲。

她热衷于攀比和打击我，我就总是想办法压她一头；她说话刻薄，我也会恶毒地反击；她跟我玩"塑料姐妹花"这一套，我就比她更"塑料"。我变得异常高调，因为我知道她总能看到。

我渐渐变成了自己最讨厌的那种人：扭曲、拧巴、虚伪。我的情绪变得一团糟。

当然，中间我也有很多次在来回挣扎。毕竟一个人能和你相处十年之久，她不可能全身都是缺点。

从"她为什么这么对我？我做错了什么？"到"她偶尔对我也挺好的，我是不是误会她了？"，再到"但是她的这些行为让我很难受，我真的无法忍受她"。

最终因为某件事，我彻底崩溃了。

我先用彦祖的微信拉黑了她，然后把这么多年来我对她的所有看法，在微信和微博里倾泻出来。

其实也没有到必须闹掰的地步，但我实在忍无可忍了，不只对她，更多的是对我自己。

我觉得自己正在因她而走向地狱——不知不觉中，我变得浅薄、势利和恶毒。

有时候我甚至会觉得自己很陌生：我为什么这么虚伪？我明明经常讨厌她，为什么还要给她送吃的和礼物？为什么她偶尔跟我倾诉的时候我要耐心安慰她？

我又为什么要在她攻击我的时候，用更恶毒的语言去反击？难道真应了那句话，和恶龙缠斗久了，自己也就成为恶龙了吗？

"撕"是一种强行切断我和对方关系的行为，让我没有机会再回头看，没有机会犹豫，更没有机会心软。

谁会缺一个不真心的朋友？

一个真把你当朋友的人，是不会在言谈举止间总是让你难受的，是不会一而再再而三地触到你的底线的，当你明确说了你重视一个人、一件事的时候，他是一定会绕开他们，连碰都不会碰的。

离开一个只会带给你无尽负能量的假朋友，就是你对自己最大的救赎了。

02 /

另一个朋友也经历了差不多的事情。

我苦苦劝了她一年，她终于离职了。

她的前单位是一所国企，清闲、稳定，按道理她应该被人羡慕。

但在上班的这几年里，她被折磨得够呛。

首先，这里的负能量非常重。

虽然工作清闲，但所有的年轻人都过得很不开心。

因为只有老人才清闲，老人都不干活，把事情都压在年轻人头上，可他们还要在年轻人旁边指手画脚。

可是所有人又都拿一样的工资。

你能想象吗？一个人把他的工作全推给你，你干活的时候他还在旁边疯狂吐槽；你犯了错，他还要第一时间去告状，好撇清自己。

你在单位学会的第一件事就是第一时间甩锅，否则你就会被人泼脏水。这简直就是一所让人见识到人性之恶的监狱。

其次，所有的同事都处得像仇人一样。每一位都擅长冷嘲热讽和人身攻击。

前领导对她就没有满意的时候，工作不积极，说她不求上进；工作积极，说她爱出风头；最后给什么活就干什么活吧，又欺负她老实。

问题是她越老实，活就越多。而那些脾气差的，领导也不想给安排工作。这样一来，单位就把老实人给欺负死了，而那些坏的被宠得越来越坏。

这么一所糟糕的单位，里面的人势利、懒惰。全公司上上下下都充斥着让人难以忍受的负能量。

但她一直下不了决心离开。

因为这是一个非常体面的工作。

在她所在的城市，这是所有人眼中的金饭碗，是多少人挤破头都进不去的地方。

她爸妈也因为她的工作脸上有光，四处炫耀。

但是在这待了四年，她实在忍无可忍了。

"最后那段时间，不夸张地说，我甚至想象过我砍了所有人。我对同事充满了仇恨，每一天从床上醒来，想到又要开始让人绝望的一天，我就抑制不住地在床上尖叫。那天我知道，我必须离开了，不然总有一天我会疯掉的。"

她终于辞职了。

离职的时候，领导的嘴巴张成了"O"形，当场苦口婆心地劝她："你疯了吗？多少人挤破头想进来，你犯什么傻？"

她笑笑，心想我再在这里待一天都活不下去了。

离职之后，她才知道自己可以那么快乐。

她考上了研究生，学了自己喜欢的专业，还在学校里遇到了合适又喜欢的恋人，开启了自己新的人生。

每天都是充满希望的一天，从床上醒来的第一件事就是拉开窗帘，然后伸懒腰、微笑。

最重要的是，她的负能量都不翼而飞了，她重新变回了积极乐观的自己。

"在那工作的几年里，我每天都想着怎么自保，怎么和攻击我的人唇枪舌剑。想想要和讨厌的同事相处一辈子，我快要窒息了。现在回想起来，我感觉自己太蠢了。我为什么要为了一个所谓的金饭碗把自己逼死？在这样的环境里我能活几年呢？人生再稳定也没有丝毫的质量可言。

"曾经我也舍不得离开，觉得凭什么被逼走的人是我？但是后来我想，不能因为误入了泥泞，就和它纠缠一生吧。"

03 /

2018 年，我在微博上刷到了毛晓彤"被出轨"的新闻。

四年的感情，四个小时结束。她没有拖泥带水，发现后直接拉着箱子离开。

当时我就很佩服她的决绝。我也会想，几年的感情真的这么容易割舍吗？

自己经历后才发现，果断离开是多么聪明又可贵的选择。

不是人人都能像毛晓彤那样，做到拔腿就走的。

大部分人，比如我和这个朋友，在陷入一段不适合的关系里，一份不适合的工作里，甚至一段不合适的婚姻里时，都是一样的心态。

我们会犹豫，会软弱，会怀疑自己是不是也有问题，才会被别人这样对待，甚至劝自己忍忍就好了，谁不是在沼泽里挣扎呢？

可是你能忍一时，还能忍一辈子吗？

也许对方会给你幻觉，就像家暴的丈夫会无数次给妻子改邪归正的承诺，让你无数次对自己说"调整一下自己就好了""再忍忍就习惯了""也许我自己也有问题"。

可是凭什么是我在调整而不是你在改正？

为什么是我忍而不是你放过我？

我好像十几年来第一次想到，原来让自己快乐起来最简单的一条路，就是不要再跟不合适的人做朋友。

是的，对方也不是一无是处，也有温柔的时候，但她展现出来的那些优点，远远不能抵消她带给我的负能量。

最后一次我愤怒到绝望，觉得这个人无药可救的时候，终于放弃忍耐了。

她以为我是突然发难，却没想过这是积攒了多久的愤怒。

但当我因为撕破脸，理直气壮地远离了这个人，让她从我的生活中彻底消失时，我发现我又变回了平静温和的自己。

攀比心没了，好斗欲也没了，我正常了，那些曾经影响过我的负面情绪，全都不翼而飞了。

所以我奉劝大家，如果身边的人具有你所厌恶的糟糕品质，趁早和他绝交。如果你沉溺在一段糟糕的感情里，趁早把它断掉。

工作如此，生活更加如此。

没有必要。

我们的目标是星辰大海，不是满是泥污的猪圈。

<后记>

# 18 条给女生的忠告

**如果你能做到不嫌他穷，为什么要介意他有钱?**

---

① 喜欢一个人和喜欢一种食物一样。如果自己做不到节制，只会毁掉对他的爱。

② 不要用青春去赚快钱，几年后你会发现自己失去的比得到的多得多。因为老男人都很精，绝不会做赔本生意。

③ 结婚生子别太早。20 岁左右的女孩大多看不出谁是渣男，心智成熟度确实跟年龄有关。

④ 如果提早遇到了喜欢又靠谱的人，自己又懂得珍惜的话，上条作废。

⑤ 一部分男生爱追年轻的女孩子，这是因为她们好骗，心思单纯容易控制，没见过世面也省钱。

⑥ 没钱不等于真爱。年轻的时候总容易被误导，觉得不在意金钱就是不拜金的好姑娘，所以上赶着倒贴男生，假清高到礼物贵一点都不敢要。如果你能做到不嫌他穷，为什么要介意他有钱？

⑦ 同样的，被众人反对也不等于真爱。自己被爱情冲昏头之前，不如反思一下他为什么这么不讨人喜欢。

⑧ 分得清"对你好"和"假意顺服"。没人愿意永远顺服你，除非他另有所图。

⑨ 分手不是博弈谈判的武器，而应该是破釜沉舟的撒手锏。主动提分手又离不开，不但依旧解决不了问题，反而让对方看清了你的底牌。

⑩ 爱情里，信任≠盲目信任。不要太迷信另一半的自制力，发现问题及时监控才能及时止损。

⑪ 在某种程度上，男生其实更现实。大部分女生只会因为喜欢一个人才会使劲给他花钱。而一部分男生会在心里衡量：她值不值得我花钱？我该花多少钱？

⑫ 不要先相爱再了解，而要先了解再相爱。一被人追就草率答应，只能证明自己是爱情上的低能儿。

⑬ 别总听你爸妈的，他们的观念过时了，比如"从一而终才是好女孩"，遇到渣男就赶紧松手，第一次没什么要紧的，比起终身幸福，流言蜚语算什么？

⑭ 但是也不要觉得我在教你们随意恋爱。洁身自好是优点，自爱永远不土。

15 不要用变胖变丑脾气变差来验证真爱。你自己都无法忍受别人这样，对方凭什么要忍受你？

16 看人别太片面，少看网上的某些毒鸡汤，比如没秒回就是不爱你，不为你删光异性就是不爱你。一辈子很长，人也是多面体，一件事一句话不能代表任何东西。对方也没有耐心和义务一直给你喂"糖"。

17 如果你眼中的爱情只是"嘴甜、人帅、会哄人、舍得花钱"，就别老抱怨自己遇不到真爱。

18 担心对方离开不如注重提升自己和绑定双方利益。男人不出轨的理由可能只是出轨成本太高。